Programas informáticos en eficiencia energética en edificios

José Gustavo Jiménez Pérez

Programas informáticos en eficiencia energética en edificios
© José Gustavo Jiménez Pérez

1ª Edición

© IC Editorial, 2025

Editado por: IC Editorial
c/ Cueva de Viera, 2, Local 3
Centro Negocios CADI
29200 Antequera (Málaga)
Teléfono: 952 70 60 04
Fax: 952 84 55 03
Correo electrónico: iceditorial@iceditorial.com
Internet: www.iceditorial.com

ISBN: 978-84-1184-615-8
Depósito Legal: MA 234-2025

Impresión: PODiPrint
Impreso en Andalucía – España

Nota de la editorial: IC Editorial pertenece a Innovación y Cualificación S. L.

Presentación del manual

El **Certificado de Profesionalidad** es el instrumento de acreditación, en el ámbito de la Administración laboral, de las cualificaciones profesionales del Catálogo Nacional de Cualificaciones Profesionales adquiridas a través de procesos formativos o del proceso de reconocimiento de la experiencia laboral y de vías no formales de formación.

El elemento mínimo acreditable es la **Unidad de Competencia.** La suma de las acreditaciones de las unidades de competencia conforma la acreditación de la competencia general.

Una **Unidad de Competencia** se define como una agrupación de tareas productivas específica que realiza el profesional. Las diferentes unidades de competencia de un certificado de profesionalidad conforman la **Competencia General,** definiendo el conjunto de conocimientos y capacidades que permiten el ejercicio de una actividad profesional determinada.

Cada **Unidad de Competencia** lleva asociado un **Módulo Formativo,** donde se describe la formación necesaria para adquirir esa **Unidad de Competencia,** pudiendo dividirse en **Unidades Formativas.**

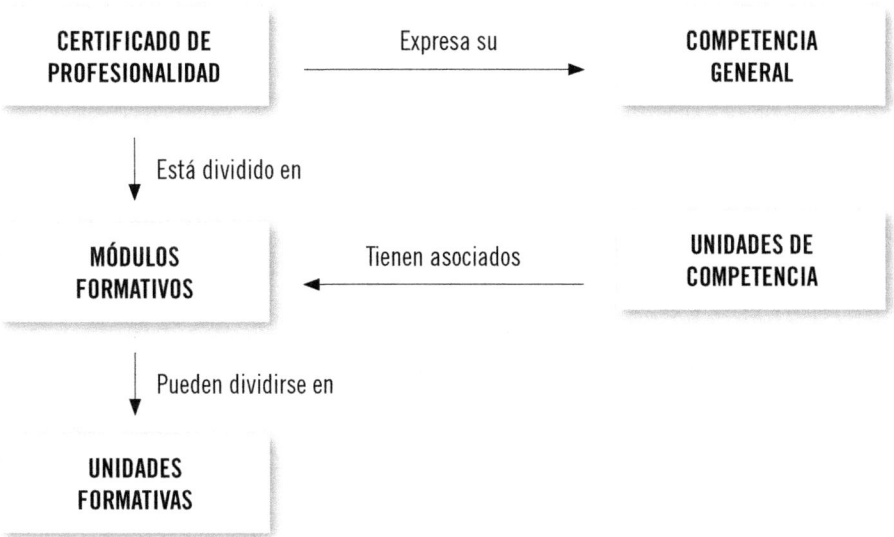

El presente manual desarrolla la Unidad Formativa **UF0571: Programas informáticos en eficiencia energética en edificios,**

perteneciente al Módulo Formativo **MF1195_3: Certificación energética de edificios,**

asociado a la unidad de competencia **UC1195_3: Colaborar en el proceso de certificación energética de edificios,**

del Certificado de Profesionalidad **Eficiencia energética de edificios.**

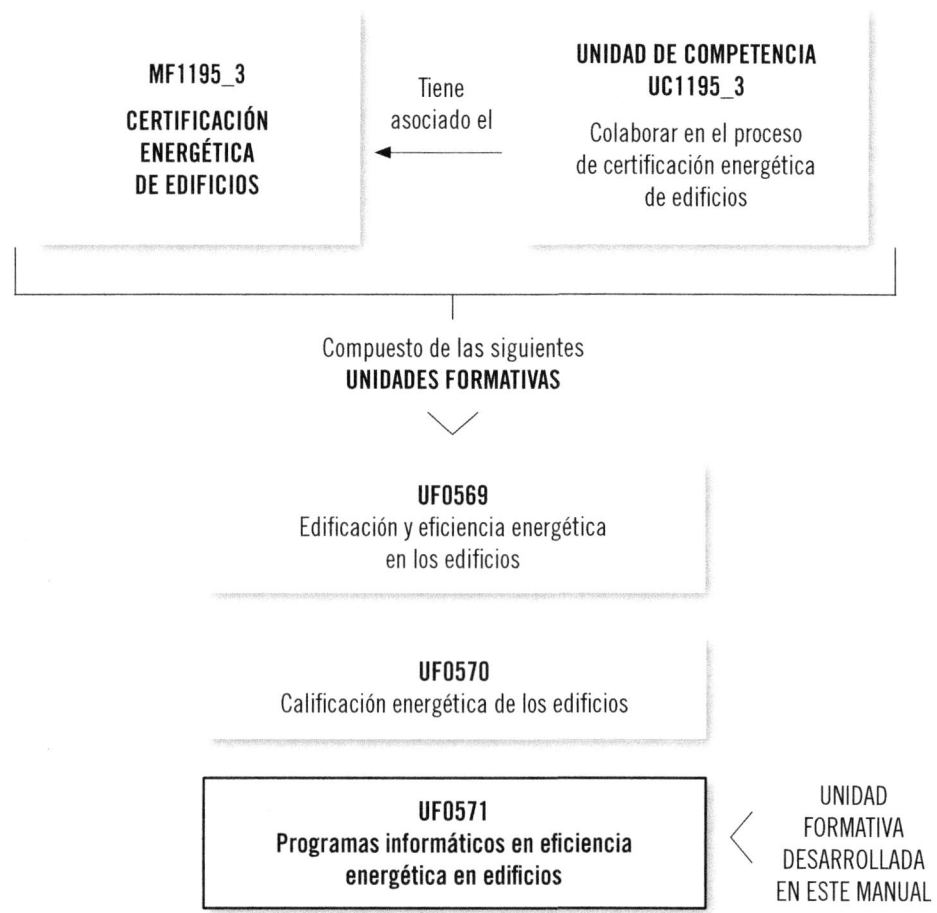

MF1195_3

CERTIFICACIÓN
ENERGÉTICA
DE EDIFICIOS

Tiene
asociado el

UNIDAD DE COMPETENCIA
UC1195_3

Colaborar en el proceso
de certificación energética
de edificios

Compuesto de las siguientes
UNIDADES FORMATIVAS

UF0569
Edificación y eficiencia energética
en los edificios

UF0570
Calificación energética de los edificios

UF0571
Programas informáticos en eficiencia
energética en edificios

UNIDAD
FORMATIVA
DESARROLLADA
EN ESTE MANUAL

FICHA DE CERTIFICADO DE PROFESIONALIDAD

(ENAC0108) EFICIENCIA ENERGÉTICA DE EDIFICIOS (R. D. 643/2011, 9 de mayo)

COMPETENCIA GENERAL: Gestionar el uso eficiente de la energía, evaluando la eficiencia de las instalaciones de energía y agua en edificios, colaborando en el proceso de certificación energética de edificios, determinando la viabilidad de implantación de instalaciones solares, promocionando el uso eficiente de la energía y realizando propuestas de mejora, con la calidad exigida, cumpliendo la reglamentación vigente y en condiciones de seguridad.

Cualificación profesional de referencia		Unidades de competencia	Ocupaciones o puestos de trabajo relacionados:
ENA358_3 EFICIENCIA ENERGÉTICA DE EDIFICIOS (R. D. 1698/2007, de 14 de diciembre de 2007)	UC1194_3	Evaluar la eficiencia energética de las instalaciones de edificios.	• Gestor energético ▪ Promotor de programas de eficiencia energética ▪ Ayudante de procesos de certificación energética de edificios ▪ Técnico de eficiencia energética de edificios
	UC1195_3	Colaborar en el proceso de certificación energética de edificios.	
	UC1196_3	Gestionar el uso eficiente del agua en edificación.	
	UC1197_3	Promover el uso eficiente de la energía.	
	UC0842_3	Determinar la viabilidad de proyectos de instalaciones solares.	

Correspondencia con el Catálogo Modular de Formación Profesional

Módulos certificado	Unidades formativas	Horas
MF1194_3: Evaluación de la eficiencia energética de las instalaciones en edificios	UF0565: Eficiencia energética en las instalaciones de calefacción y ACS en los edificios	90
	UF0566: Eficiencia energética en las instalaciones de climatización en los edificios	90
	UF0567: Eficiencia energética en las instalaciones de iluminación interior y alumbrado exterior	60
	UF0568: Mantenimiento y mejora de las instalaciones en los edificios	60
MF1195_3: Certificación energética de edificios	UF0569: Edificación y eficiencia energética en los edificios	90
	UF0570: Calificación energética de los edificios	60
	UF0571: Programas informáticos en eficiencia energética en edificios	90
MF1196_3: Eficiencia en el uso del agua en edificios	UF0572: Instalaciones eficientes de suministro de agua y saneamiento en edificios	60
	UF0573: Mantenimiento eficiente de las instalaciones de suministro de agua y saneamiento en edificios	40
MF1197_3: Promoción del uso eficiente de la energía en edificios		40
MF0842_3: Estudios de viabilidad de instalaciones solares	UF0212: Determinación del potencial solar	40
	UF0213: Necesidades energéticas y propuestas de instalaciones solares	80
MP0122 Módulo de prácticas profesionales no laborales		120

Índice

Capítulo 1

Simulación energética de edificios

Contenido

1. Introducción

En la actualidad se está incrementando de forma considerable el interés por la mejora de la eficiencia energética en la edificación debido al gran interés que surge sobre la necesidad de cuidar el medio ambiente que nos rodea.

Los problemas medioambientales como la contaminación, el efecto invernadero y otros factores que conducen al calentamiento global y a un conjunto de efectos maliciosos sobre la naturaleza conllevan intentar imponer medidas de mejora en este sentido en la mayoría de los ámbitos en los que el hombre se desenvuelve y, por supuesto, también en los procesos de edificación.

Esto queda puesto en evidencia por diversas normativas comunitarias, como la Directiva 2006/32/CE del Parlamento Europeo y del Consejo sobre la eficiencia del uso final de la energía y los servicios energéticos. Esta ha sido modificada y complementada por la Directiva 2012/27/UE.

La Directiva 2010/31/UE, que establece requisitos y condiciones en relación con el consumo energético de las edificaciones, ha sido derogada y sustituida por la Directiva (UE) 2018/844 del Parlamento Europeo y del Consejo, también conocida como la Directiva de Eficiencia Energética de los Edificios (EPBD). Esta directiva europea introduce también modificaciones de la Directiva 2012/27/UE sobre eficiencia energética.

A partir de estas normativas europeas, a nivel nacional también se ha creado un marco legislativo en torno a la eficiencia energética de edificios. En este sentido se encuentra el Real Decreto 235/2013, de 5 de abril, por el que se aprueba el procedimiento básico para la certificación de la eficiencia energética de los edificios de nueva construcción y que también propone como objetivo la certificación y la clasificación energética del parque inmobiliario, siempre y cuando estos edificios tengan por objetivo el alquiler o la venta.

Además el Real Decreto 56/2016, de 12 de febrero, por el que se transpone la Directiva 2012/27/UE del Parlamento Europeo y del Consejo, de 25 de octubre de 2012, relativa a la eficiencia energética, en lo referente a auditorías energéticas, acreditación de proveedores de servicios y auditores energéticos y promoción de la eficiencia del suministro de energía cumplimenta el Real

Decreto 235/2013, de 5 de abril. Otras modificaciones del mencionado decreto se establecen en el Real Decreto 732/2019, de 20 de diciembre.

Asimismo, esta normativa se extiende a nivel autonómico y local.

Pero no solo en los países de la UE la eficiencia energética de edificios está teniendo una amplia repercusión, sino que países como EE. UU. han desarrollado sus productos *software* y una legislación para la mejora de la eficiencia energética en los edificios, ya sean viviendas, locales comerciales, etc., con la correspondiente mejora medioambiental.

Para poder llevar a cabo la certificación energética, tal y como se establece según este marco legislativo, se han creado una serie de protocolos y programas *software* específicos que faciliten y mejoren el trabajo. Así, en este texto se pretende proporcionar los conocimientos adecuados para el manejo de los programas habilitados para tal fin en la actualidad.

2. Modelado de transferencia térmica y de masa de edificios

Se van a proporcionar los conocimientos necesarios para el uso adecuado de los programas informáticos de simulación del comportamiento energético de los edificios de uso habitual en el proceso de certificación energética.

Para llevar a cabo sus funciones, estos programas se basan en un modelo teórico experimental de los procesos que intervienen en el intercambio energético en el edificio. Por ello, para poder comprender el comportamiento de este tipo de *software,* es necesario conocer los modelos sobre los cuales trabajan.

2.1. Procesos de transferencia de calor y de masa en edificios

El objetivo de este punto es estudiar cómo se comporta el cerramiento del edificio ante la variación de las condiciones climáticas en el exterior, ya que estas marcarán las necesidades de aporte energético al interior de la edificación, ya sea para calefacción o para refrigeración del edificio, y con ello el consumo energético de esta.

La intención de la climatización de la edificación es mantener un ambiente confortable. Lo ideal sería conseguir este confort con un uso cero de energía. En base a este objetivo, se tendrán en cuenta todos los elementos que intervienen en las transferencias de energia en las edificaciones.

Como primera aproximación se puede decir que la intención es mantener una temperatura constante en el interior.

En el exterior de la edificación se van a producir variaciones de las condiciones climatológicas. Por ejemplo, la variación de la temperatura del día a la noche, el cambio de las condiciones climatológicas del verano al invierno, etc.

La cuestión es: ¿cómo afectan estos cambios a las condiciones climatológicas en el interior de la edificación? Y en consecuencia: ¿qué medidas habrá que tomar desde el punto de vista del aporte energético?

Para analizar estas cuestiones es muy importante conocer cómo se comporta el cerramiento de la edificación ante las variaciones, ya que este proporciona la separación entre ambos ambientes y, por lo tanto, de él dependerán los principales procesos de intercambio energético.

Antes de continuar es importante conocer la estructura de los cerramientos de los edificios desde el punto de vista de los programas de simulación. Así, los distintos programas de simulación dividen el cerramiento del edificio en dos sistemas con comportamientos distintos:

- Paredes y techos.
- Sistemas de acristalamiento.

No solo es necesario conocer cómo se estructura el cerramiento de la edificación, sino que también será importante tener una idea de cómo se producen los procesos de intercambio de energía térmica.

La transferencia de energía térmica se puede producir por tres mecanismos: conducción, convección y radiación.

El proceso de transmisión de energía térmica por conducción se produce en materiales sólidos y se debe principalmente a la variación de energía cinética de sus moléculas sin movimiento de masa. Por otro lado, la convección se produce por el movimiento de masa a distinta temperatura, por lo que se dará en líquidos y gases.

En cuanto a la radiación, la transferencia de energía se debe a los procesos de absorción y emisión de ondas electromagnéticas de sus partículas y se ven afectados por ella tanto sólidos como líquidos y gases.

Nota

El transporte de energía térmica por radiación no necesita masa como soporte, mientras que en los procesos de conducción y convección sí es necesario.

Como se verá a lo largo del capítulo, los procesos de transferencia de energía térmica en los edificios se deben a los tres factores, pudiendo actuar alguno concreto sobre algún elemento o combinados en otros.

Actividades

1. Proporcionar un ejemplo con su correspondiente explicación de cada uno de los procesos de transmisión de energía calorífica que se puedan producir en una vivienda.

Masa térmica del edificio

Los procesos de intercambio de energía en los edificios a través de los muros y los techos del cerramiento se producen a partir de la transferencia de calor entre el ambiente exterior y las zonas internas, principalmente por conducción. Los cerramientos que separan el ambiente exterior del interior son denominadas **partes opacas de la edificación** o **masa térmica.**

Definición

Masa térmica
Representa la capacidad del cerramiento de almacenar calor. No se debe confundir con la masa del cerramiento físico del edificio. Esta dependerá del material, el espesor, etc.

Al variar la temperatura en algún extremo del cerramiento se produce un flujo de calor. Este flujo de calor (energía térmica), que va desde el extremo de mayor temperatura al de menor temperatura, pasará por un estado transitorio con una variación hasta llegar al estado estacionario donde, si las temperaturas en los extremos de la edificación permanecen constantes, el flujo de calor también será contante.

En la siguiente imagen se muestra la distribución de temperaturas en el interior del cerramiento así como la evolución temporal del flujo de calor debido a la conducción.

Gradiente de temperatura y transitorio de calor

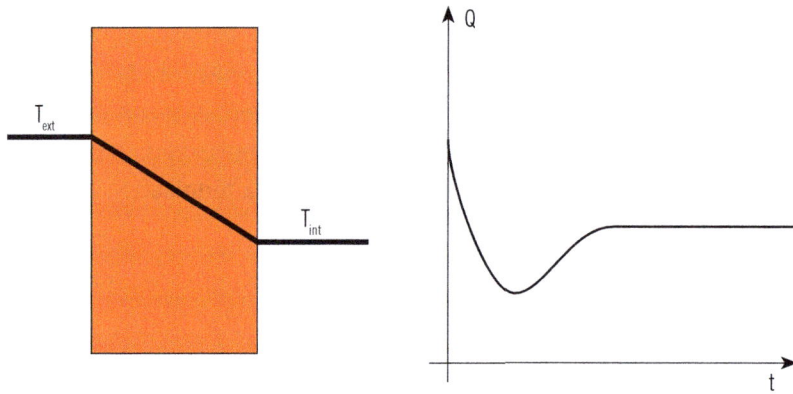

 **Definición**

Calor
Cantidad de energía térmica que tiene un cuerpo.

Observando el gráfico anterior, donde T_{ext} representa la temperatura exterior de la edificación y T_{int} la temperatura interior, se deduce que la temperatura no será la misma en todo el elemento del cerramiento, sino que dependerá de las existentes en sus extremos. Su valor medio vendrá dado por:

$$T_{media} = \frac{T_{ext} + T_{int}}{2}$$

Esta temperatura media implica que haya un almacenamiento de energía térmica en el muro.

Teniendo en cuenta la temperatura en los extremos del muro, se puede definir la energía calorífica que almacena un muro en forma de calor como:

$$Q = \rho \cdot cp \cdot V \cdot \left(\frac{T_{ext} + T_{int}}{2} - T_{int} \right) = \rho \cdot cp \cdot A \cdot L \cdot \left(\frac{T_{ext} + T_{int}}{2} - T_{int} \right)$$

Donde:

- ρ: representa la densidad del material constructivo y se mide en kilogramos por metro cúbico (kg/m^3).
- **cp:** es la capacidad calorífica y se mide en Julios por kilogramo de material por grado Kelvin ($J/kg \cdot K$).
- **V:** el volumen en metros cúbicos (m^3) del cerramiento.
- **A:** el área en metros cuadrados (m^2) de la pared del cerramiento.
- **L:** el espesor en metros (m) del cerramiento.

Actividades

2. Si la temperatura en los extremos del cerramiento de una vivienda son de $T_{ext} = 30$ ºC y $T_{int} = 21$ ºC, ¿cuál será la temperatura media a la que se encuentra el cerramiento?
3. Realizar un cuadro detallado con las magnitudes (volumen, espesor, etc.) y sus unidades (metros cúbicos, metros, etc.) donde se proporcione una descripción de la magnitud así como de las unidades y los valores típicos relacionados con el tema que se está tratando.

En el estudio del balance energético en edificaciones suele ser más interesante conocer la energía térmica o calor almacenado por unidad de superficie en un determinado cerramiento, es decir, la cantidad de energía que un metro cuadrado de un determinado material y un determinado espesor es capaz de almacenar. La cantidad de calor por unidad de superficie se determina por la expresión anterior, de forma que:

$$\frac{Q}{A} = \rho \cdot C_p \cdot L \left(\frac{T_{ext} + T_{int}}{2} - T_{int} \right) = C \cdot \left(\frac{T_{ext} + T_{int}}{2} - T_{int} \right)$$

De forma que:

$$C = \rho \cdot C_p \cdot L$$

C representa la capacidad del muro de almacenar energía, siendo su unidad el Julio por metro cuadrado por Kelvin (J/m²K). Para una misma superficie, cuanto mayor sea el valor de C mayor energía térmica es capaz de almacenar el cerramiento. Como se puede ver, C dependerá del espesor del muro, pero también de su material constructivo, ya que la capacidad calorífica (c_p) y la densidad (ρ) son características de cada tipo de material.

 **Nota**

La capacidad calorífica c_p de un sustancia mide la cantidad de energía en forma de calor que es necesaria suministrarle para aumentar su temperatura un grado kelvin (o equivalentemente un grado Celsius).

$$C_p = \frac{Q}{\Delta T} = c \cdot m$$

Donde c es el calor específico y m la masa.

El calor específico (*c*) indica la cantidad de calor que es necesaria suministrar a un kilogramo de sustancia para elevar su temperatura un grado. Esta es una cantidad intensiva y, por lo tanto, es la que va a permitir comparar los efectos de distintas sustancias desde el punto de vista térmico, como se muestra en la siguiente tabla.

Continúa en página siguiente >>

<< Viene de página anterior

Calor específico de sustancias usadas habitualmente en construcción	
Sustancia	Calor específico (c[J/g·K])
Asfalto	0,92
Ladrillo	0,84
Hormigón	0,88
Granito	0,79
Yeso	1,09
Mármol	0,88
Arena	0,84
Madera	0,49

 Aplicación práctica

Supóngase que se tienen dos cerramientos, el primero está fabricado de ladrillo y el segundo de hormigón. Ambos cerramientos tienen un espesor de L = 0,25 m. La densidad del hormigón está en torno a 3.200 kg/m³, y la del ladrillo es aproximadamente de 2.000 kg/m³.

Determine cuál de los dos cerramientos tiene una mayor capacidad de almacenar energía térmica en forma de calor.

SOLUCIÓN

La capacidad de almacenamiento de calor del muro de un cerramiento se determina a partir de la expresión:

$$C = \rho \cdot C_p \cdot L$$

Es decir, para poder calcularla se deben conocer algunas propiedades del material constructivo como son la densidad y su capacidad calorífica. Además, habrá que conocer el espesor del muro.

Continúa en página siguiente >>

<< Viene de página anterior

Para los materiales considerados se tiene que el hormigón presenta un calor específico de 0,88 y el ladrillo de 0,84.

Con estos datos se puede establecer que:

Para el hormigón:

$$C = \rho \cdot C_p \cdot L = 3000 * 0,88 * 0,25 = 660$$

Para el ladrillo:

$$C = \rho \cdot C_p \cdot L = 2000 * 0,84 * 0,25 = 420$$

Así que el muro de hormigón tendrá más capacidad de almacenar calor.

Como se puede ver, comparando el valor de C para diversos materiales, se puede tener una idea de cuál tiene una mayor capacidad de almacenar energía térmica.

Otro parámetro que caracteriza la transferencia de energía es la resistencia térmica. Esta se puede entender como la oposición al paso del calor que presenta el muro, es decir, su capacidad de aislamiento térmico. Su expresión matemática es:

$$\text{Resistencia térmica (R)} = \frac{\text{Espesor (L)}}{\text{Conductividad térmica (k)}}$$

Donde *k* es la conductividad térmica del material del que está fabricado el cerramiento, siendo este parámetro una propiedad física de los materiales cuyas unidades son:

$$\frac{\text{vatios}}{\text{metros} \cdot \text{kelvin}} = \frac{W}{m \cdot K}$$

Y L el espesor del cerramiento dado en metros (m).

CONDUCTIVIDAD TÉRMICA DE MATERIALES					
Material	k	Material	k	Material	k
Acero	47-58	Corcho	0,03-0,04	Mercurio	83,7
Agua	0,58	Estaño	64,0	Mica	0,35
Aire	0,02	Fibra de vidrio	0,03-0,07	Níquel	52,3
Alcohol	0,16	Glicerina	0,29	Oro	308,2
Alpaca	29,1	Hierro	80,2	Parafina	0,21
Aluminio	209,3	Ladrillo	0,80	Plata	406,1-418,7
Amianto	0,04	Ladrillo refractario	0,47-1,05	Plomo	35,0
Bronce	116-186	Latón	81-116	Vidrio	0,6-1,0
Zinc	106-140	Litio	301,2	Cobre	372,1-385,2
Madera	0,13	Tierra húmeda	0,8	Diamante	2.300
Titanio	21,9				

Actividades

4. Si la conductividad térmica del aluminio es de 200 W/m·K, ¿cuál será la resistencia térmica que presenta una placa de aluminio de 0,02 m de espesor?

La inversa de la resistencia térmica se denomina **transmitancia térmica** y su fórmula matemática es:

$$U = \frac{k}{L}$$

 **Nota**

La conductividad térmica es alta en metales, como por ejemplo en el aluminio usado para los marcos de las ventanas, mientras que es muy baja en materiales como la fibra de vidrio, que se utiliza como aislante térmico en los cerramientos.

Oposición al paso de la energía térmica debida a la resistencia térmica del cerramiento

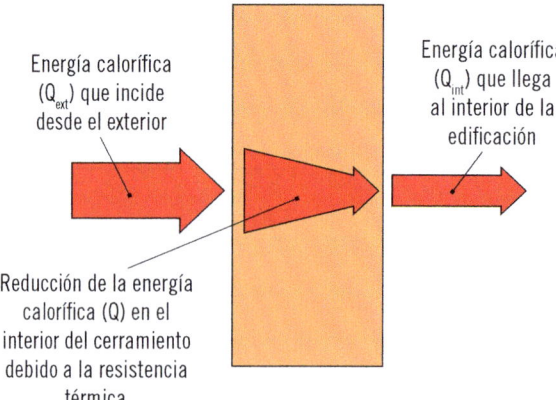

Energía calorífica (Q_{ext}) que incide desde el exterior

Energía calorífica (Q_{int}) que llega al interior de la edificación

Reducción de la energía calorífica (Q) en el interior del cerramiento debido a la resistencia térmica

Otro factor que juega un papel fundamental en el estudio del comportamiento térmico de los edificios es el producto R·C. A partir de este producto se determina el valor de difusividad térmica, que indica la rapidez con la que el calor se transmite en el cerramiento.

Definición

Difusividad térmica α
Relación entre la conductividad térmica y la capacidad de almacenamiento térmico o capacidad calorífica por unidad de volumen del material.

Como se ha comentado, la difusividad térmica de una medida es la velocidad con la que la energía se mueve dentro del cerramiento, estando relacionada con el producto $R \cdot C$. Así, a mayor $R \cdot C$ más tiempo tarda la energía térmica en forma de calor en propagarse por el muro.

Recuerde

La resistencia térmica proporciona una indicación de la cantidad de energía en forma de calor que se puede transmitir por el cerramiento, mientras que el valor de $R \cdot C$ dará una indicación del tiempo que tarda esta energía en propagarse por el muro

Concretando, se puede establecer que; si un edificio tiene poca masa térmica, la respuesta de su cerramiento dependerá principalmente de la resistencia térmica que limitará la cantidad de energía que traspasa este. En este caso, al cambiar las condiciones exteriores, los cambios se propagarán por el cerramiento rápidamente, de forma que los sistemas de climatización que mantienen la temperatura constante en el interior tendrán que entrar en acción para hacer frente a dichos cambios. Por otro lado, si la masa térmica del edificio aumenta, su cerramiento tiene más capacidad de absorber energía y, por lo tanto, se produce un retraso en la propagación de los cambios.

Recuerde

La masa del edificio introduce efectos dinámicos, mientras que los efectos estáticos dependen principalmente de la resistencia térmica.

Ejemplo

Como muestra del efecto de la masa térmica en edificios, se encuentran algunas construcciones antiguas donde, en zonas cálidas y sin necesidad de climatización, la temperatura de su interior permanece aproximadamente constante a lo largo del día, pese a las horas de mayor sol. Esto se debe a que el cerramiento tiene una gran masa térmica y debido a ella se produce un promediado de las temperaturas nocturnas y diurnas. Además de la masa térmica, estos edificios mantienen muy limitada la irradiación en el interior debido a las pequeñas ventanas, lo cual también favorece a mantener una temperatura agradable en el interior.

2.2. Transferencia de calor en muros exteriores y techos (método numérico)

Para la simulación correcta es necesario conocer cómo se produce la transferencia de calor concretando los diversos elementos que componen la edificación. Entre ellos se encuentran los que proporcionan su envolvente térmica, siendo estos los muros exteriores, los tabiques de separación interior, la medianera o los muros de separación entre edificaciones contiguas, los techos y las cubiertas, los suelos y otros cerramientos en contacto con el terreno.

El objetivo de este punto es brindar los conocimientos necesarios para entender el comportamiento de los muros exteriores y los techos como parte de la envolvente térmica del edificio, de forma que se comprenda su importancia y uso en los programas utilizados en la certificación energética de viviendas.

La transferencia de calor en los muros y techos del edificio se produce principalmente por los efectos de la conducción térmica. También se tendrán que considerar los procesos de convección que facilitan el intercambio de energía entre el aire del ambiente y la superficie del muro o techo y los efectos de la irradiación solar que calientan la superficie del muro como queda reflejado en la imagen siguiente.

Procesos de transmisión de calor: conducción, convección y radiación

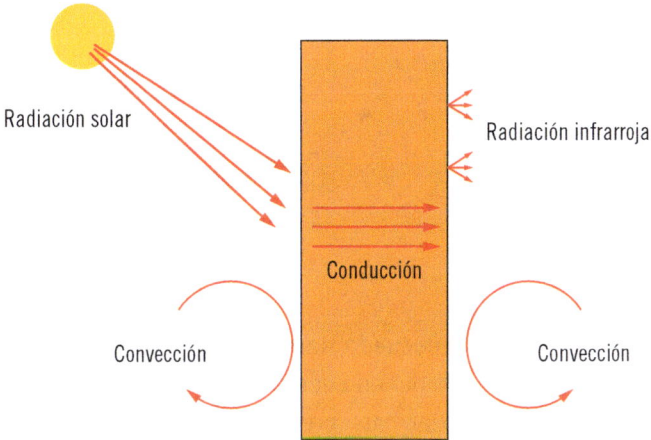

A la hora de estudiar estos procesos de transferencia de calor, se deben tener en cuenta algunos aspectos importantes entre los que se encuentran la localización y la orientación de la edificación, que determinarán la cantidad de radiación solar que incidirá sobre este, el material constructivo de los elementos que componen el cerramiento, los cuales determinarán la resistencia térmica y la capacidad de almacenamiento de energía calorífica, el tipo y la forma de cerramiento, el color de las paredes, etc.

Orientación de las fachadas

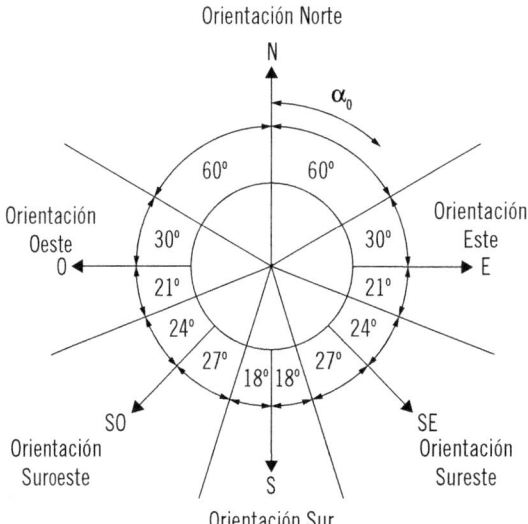

Norte	$\alpha < 60,\ \alpha_0 \geq 300$
Este	$60 \leq \alpha_0 \leq 111$
Sureste	$111 \leq \alpha_0 < 162$
Sur	$162 \leq \alpha_0 < 198$
Suroeste	$198 \leq \alpha_0 < 249$
Oeste	$249 \leq \alpha_0 < 300$

Para realizar un análisis adecuado de la transferencia de calor en muros exteriores y techos habrá que tener en cuenta la variación térmica con respecto al tiempo, es decir, cómo varían las condiciones climatológicas con el paso de las horas y a lo largo de un año por ejemplo, sobre todo en aquellas zonas geográficas donde estas variaciones pueden ser muy amplias.

Existen diversos estudios para el análisis de las transferencias térmicas en muros y techos, como los estudios analíticos, los estudios experimentales y los que interesan desde el punto de la simulación de edificios: los estudios numéricos.

Estos estudios se centran en la reducción del consumo energético tanto para calefacción como para refrigeración y consideran la temperatura interior constante de forma que las variaciones se producen solo en la temperatura exterior. Se puede decir entonces que se está ante un modelo estático.

El modelo de muros y techos que se va a considerar en este análisis será un modelo unidimensional, es decir, el flujo de energía se mueve en una única dirección, ya sea horizontal o vertical, ya que proporciona mayor simplicidad con una buena aproximación de la realidad. Se debe tener en cuenta en este sentido que, en general, los efectos bidimensionales y tridimensionales solo se suelen dar en pequeñas regiones del cerramiento de una edificación.

Como se ha comentado, en la superficie de muros y techos se producen efectos de convección y radiación que la calientan. El calor generado en esta superficie se transmite por la estructura interna del muro hacia la superficie contrapuesta por mecanismos de conducción térmica.

En este sentido, se va a seguir la nomenclatura expuesta en el Código Técnico de la Edificación. Según este, la transferencia de energía entre el aire y el muro se modela por una resistencia térmica.

En el caso de muros en contacto con el aire exterior, esta resistencia térmica se denomina **por R_{se}**, y en el caso de muros en contacto con el aire interior, **por R_{si}**.

Estas resistencias proporcionan una forma de medir qué cantidad de energía contenida en el aire exterior o interior, debido a su temperatura, pasará al muro para transmitirse por su interior.

Las resistencias anteriores están tabuladas en función de la posición del muro o techo y del sentido del flujo de calor.

Posición del cerramiento y sentido del flujo de calor		Rse	Rsi
Cerramientos verticales o con pendiente sobre la horizontal > 60° y flujo horizontal		0,04	0,13
Cerramientos horizontales o con pendiente sobre la horizontal ≤ 60° y flujo ascendente		0,04	0,10
Cerramientos horizontales y flujo descendente		0,04	0,17

Resistencias R_{se} y R_{si} en función de la dirección del flujo de calor

Recuerde

El sentido del flujo de calor o energía térmica lleva la dirección del punto de mayor temperatura al de menor temperatura.

Otro aspecto a considerar será el número de capas de las que se constituye el muro y el espesor de cada una de ellas. Cada capa estará fabricada con un determinado material con unas características térmicas determinadas.

Para los cálculos cada capa se modela por medio de una resistencia térmica R_j, resistencia que da cuenta de la cantidad de energía que se pierde a medida que esta atraviesa el muro.

Considerando un muro o techo compuesto por n capas, el espesor total vendrá dado por:

$$R_T = \sum_{j=1}^{n} R_j = R_1 + R_2 + \ldots + R_n$$

Aplicación práctica

Se van a realizar los cálculos de resistencia térmica de un cerramiento que podría ser un caso real en el análisis de la eficiencia energética en un edificio común. Supóngase que dicho edificio tiene un muro formado por tres capas con resistencias térmicas $R_1 = 2$, $R_2 = 3$ y $R_3 = 4,2$, como se muestra en la imagen siguiente.

Continúa en página siguiente >>

<< Viene de página anterior

EXTERIOR

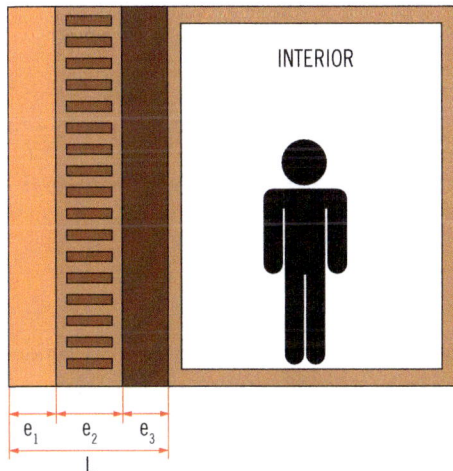

INTERIOR

Siendo:

■ Rse = resistencia térmica superficial muro-aire exterior.
■ Rsi = resistencia térmica superficial muro-aire interior.
■ R1 = resistencia térmica de la primera capa.
■ R2 = resistencia térmica de la segunda capa.
■ R3 = resistencia térmica de la tercera capa.
■ e1 = espesor de la primera capa.
■ e2 = espesor de la segunda capa.
■ e3 = espesor de la tercera capa.
■ Te = temperatura exterior.
■ Ti = temperatura interior.
■ La temperatura exterior es de 30 °C mientras que la temperatura interior es de 22 °C.

SOLUCIÓN

Como el flujo de calor o energía térmica va de la zona de mayor temperatura a la de menor, este fluye desde el exterior de la edificación hacia el interior. Además, si se observa la imagen anterior, se está ante una pared vertical. Por lo tanto, se tendrá que:

$$R_{se} = 0,04 \text{ y } R_{si} = 0,13$$

Continúa en página siguiente >>

<< Viene de página anterior

Aplicando la expresión correspondiente, se obtendrá que la resistencia térmica total del muro será:

$$R_T = R_{se} + R_1 + R_2 + R_3 + R_{si}$$
$$R_T = 0,4 + 2 + 3 + 4,2 + 0,13$$
$$R_T = 9,73$$

Para acabar este punto es conveniente proporcionar una última definición, ya que esta puede ser encontrada en gran parte de la literatura relacionada con el tema.

Como se ha comentado, sobre la superficie se darán procesos de radiación y convección.

Con respecto a la superficie exterior, en ocasiones, en vez de la temperatura del ambiente exterior que proporcionaría un termómetro, se toma una temperatura equivalente, denominada **temperatura sol-aire (T_{sa})**, que tiene en cuenta tanto los efectos de la radiación solar incidente sobre la superficie del cerramiento como la temperatura del aire en contacto con este. Su expresión matemática es:

$$T_{sa} = T_e + C_{rad}$$

Donde T_e es la temperatura exterior y C_{rad} es un coeficiente que tiene en cuenta los diversos efectos de la radiación solar sobre la superficie del cerramiento.

2.3. Transferencia de calor en acristalamientos

El acristalamiento de las edificaciones es parte del cerramiento de estas y, debido a sus características, es de gran importancia para el estudio de su eficiencia energética.

En el análisis de la transferencia de calor en el acristalamiento se deben considerar tanto las hojas de vidrio como el resto de elemento que componen dicho acristalamiento, como son los marcos, las cámaras de aire o gas, las divisiones y los mecanismos de apertura y juntas. Teniendo en cuenta estos elementos, el análisis de la transferencia de calor puede llegar a ser un problema bastante complejo.

Aunque la transferencia de calor en el acristalamiento del edificio se debe principalmente a la radiación solar que traspasa dicho acristalamiento y calienta el interior, en su análisis se deben considerar tres parámetros:

- Transferencia de calor (factor U).
- Ganancia de calor solar.
- Transmitancia visible.

A continuación se detallan cada uno de estos parámetros.

Transferencia de calor (factor U)

El primer parámetro a considerar en los cálculos, el factor U, se puede entender como un coeficiente global que considera la transferencia de calor o energía térmica que se produce a través del acristalamiento considerando todas sus partes como un conjunto. Su unidad es el $W/m^2 \cdot K$, donde:

- **W:** vatios.
- **m²:** metros cuadrados.
- **K:** grados Kelvin.

El factor U es la transmitancia térmica del sistema de acristalamiento y, como se vio en un apartado anterior, esta es la inversa de la resistencia térmica de este elemento constructivo, es decir, que proporciona una idea de cómo se oponen los elementos que constituyen el sistema de acristalamiento al flujo de energía en su interior debido a los efectos de la conducción térmica.

El factor U depende principalmente de las características térmicas de los materiales que conforman el acristalamiento, así como de los factores medioambientales en los que este se ve envuelto, al igual que ocurría en el estudio de la transferencia de calor en muros y techos.

 Definición

Factor U
Es la cantidad de calor transmitida por unidad de superficie y tiempo, suponiendo que existe una diferencia de temperatura de 1 K (1 °C) entre los ambientes a ambos lados de los extremos del acristalamiento, teniendo en cuenta los procesos de conducción, convección y radiación.

Como se deduce de la definición anterior, para el cálculo del factor U hay que tener en cuenta los factores medioambientales que rodean al sistema, entre los que destacan la velocidad del viento, la cual actúa sobre los factores conectivos superficiales de los elementos, así como la diferencia de temperatura entre los extremos del sistema de acristalamiento.

 Nota

El factor U se ha convertido en un parámetro estándar para la industria de fabricación de sistemas de acristalamiento para edificios.

Para un análisis más eficiente se puede descomponer el factor U total en el proporcionado para cada uno de los componentes del sistema de acristalamiento. Así, se pueden considerar:

- **Factor U del centro del vidrio:** en este caso, se tiene en cuenta solamente el flujo de calor a través del vidrio sin considerar los demás elementos. Depende del tipo de vidrio usado, su espesor, el número de hojas de vidrio, la separación entre estos y el gas de relleno entre hojas en caso de la existencia de cámaras entre hojas. Para este factor se considera que el flujo de calor es perpendicular a la superficie del vidrio.
- **Factor U debido a los efectos de borde:** en los extremos del vidrio se darán efectos de transferencia de calor tridimensionales. Esta componente del factor U tiene en cuenta estos efectos.
  Ejemplo: el sistema de acristalamiento está compuesto por un doble vidrio, el cual está engarzado por medio de perfiles metálicos. En estos perfiles metálicos el flujo de calor será mucho mayor que en el centro del vidrio, aumentando a medida que la capacidad de aislamiento del vidrio utilizado es mayor.
- **Factor U debido a los marcos y los divisores:** los marcos y los divisores pueden llegar a tener una gran influencia en el cálculo de la transferencia de calor en las edificaciones. Es importante en este punto considerar la estructura interna del material que constituye el elemento en cuestión que forma parte del acristalamiento. Este puede ser un material continuo como es el caso de la madera, donde el parámetro más influyente será su conductividad térmica, o puede ser un elemento con cavidades huecas, como el PVC o el aluminio, donde habrá que considerar los efectos combinados de la conducción y la convección.

Actividades

5. Buscar información en Internet sobre diversos sistemas de acristalamiento y realizar un resumen concretando la información encontrada.

En el caso de materiales como el aluminio, que son buenos conductores térmicos, estos actúan como puentes térmicos, reduciendo considerablemente el aislamiento del sistema de acristalamiento.

 Definición

Puente térmico
Zona de baja resistencia térmica (R<<) y que, por lo tanto, facilita la conducción del calor.

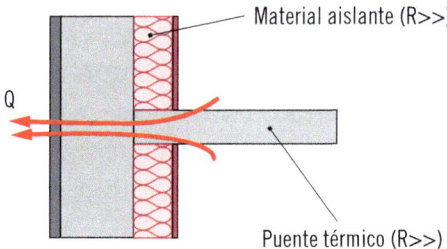

Donde Q representa el flujo de energía térmica en forma de calor por el puente térmico y R la resistencia térmica del material.

En estas ocasiones se pueden usar sistemas con ruptura de puente térmico, los cuales consisten en la separación de la parte exterior e interior de los componentes mediante aislantes térmicos que reducen los flujos de calor.

 Nota

El sistema de "rotura" más utilizado para los sistemas de acristalamiento con marcos de aluminio son las varillas de poliamida reforzadas con fibra de vidrio.

Ganancia solar

Radiación solar

Aunque en los acristalamientos se dan procesos de transmisión de calor por conducción a través de sus materiales, los efectos debidos a la radiación solar que penetran en la edificación a través de estas son también de suma importancia.

A la hora de hablar de radiación se debe hacer mención a que sus efectos dependen entre otras cosas de la longitud de onda incidente. En este sentido, la radiación más importante a considerar, desde el punto de vista térmico, es la radiación infrarroja. Pero a la hora de hacer balance energético la luz visible también será importante, ya que estará íntimamente relacionada con el consumo de energía para iluminación.

 Nota

La composición de la luz solar según la longitud de onda de la radiación que llega a la tierra es, en valores medios, un 4 % de luz ultravioleta, un 45 % de radiación visible y un 51 % de radiación infrarroja.

Otro aspecto a tener en cuenta es la forma en la que incide la radiación sobre el sistema de acristalamiento, es decir, qué cantidad de radiación incidente es directa o difusa.

Cuando la radiación solar incide sobre un cuerpo se producen tres efectos: absorción, reflexión y refracción, de forma que la energía total será igual a la suma de estas tres componentes.

En los procesos de absorción, parte de la energía térmica incidente es absorbida por el elemento semitransparente del acristalamiento, de forma que este aumenta su temperatura. Los procesos de reflexión implican que parte de la radiación solar incidente rebote en la superficie del cuerpo sin penetrar en este, mientras que en los procesos de refracción otra parte de energía incidente traspasa el elemento semitransparente llegando al ambiente en el otro extremo del sistema de acristalamiento.

Tras los procesos de absorción, parte de la energía captada por el elemento semitransparente puede ser devuelta al exterior, siendo este el proceso que se denomina **reemisión de la energía,** y se puede producir tanto hacia el ambiente exterior como hacia el interior.

Radiación solar y energía incidente, reflejada, transmitida y absorbida

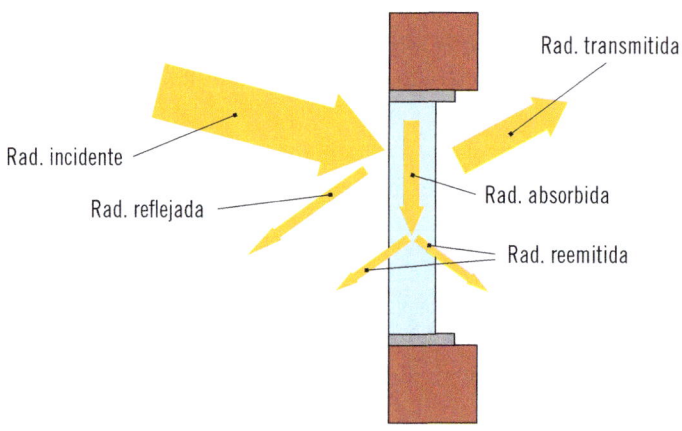

Matemáticamente, los procesos de transmisión de calor a partir de la radiación se estudian por medio del modelo de cuerpo negro.

 Definición

Cuerpo negro
Objeto teórico o ideal que absorbe toda la luz y toda la energía radiante que incide sobre él. Nada de la radiación incidente se refleja o pasa a través del cuerpo negro.

Sin entrar en muchos detalles del modelo de cuerpo negro, ya que el objetivo de este texto es conocer los procesos y los modelos que utilizan los sistemas informáticos de simulación y no el detalle matemático de estos, este se explica desde el punto de la física cuántica a partir de la ley de Planck, que establece cuánta energía es capaz de emitir el cuerpo negro, obteniéndose el valor de su intensidad como una función de la temperatura y la frecuencia de la onda emitida.

El cuerpo negro establece los límites teóricos de la emisión de los cuerpos reales. Para los cuerpos reales se utiliza el modelo de cuerpo gris. La relación entre su energía emitida y la del cuerpo negro viene dada por la emisividad.

 Definición

Emisividad
Según el Código Técnico de la Edificación, se define como la capacidad relativa de una superficie de radiar calor debido a la diferencia de temperatura existente entre la superficie y su entorno. Su magnitud se mide en porcentajes, siendo del 0 % si la superficie no emite radiación y del 100 % si reemite toda la radicación que absorbe.

Ganancia solar

Otro parámetro de gran importancia en el estudio de la eficiencia energética de edificios es la ganancia solar. Este parámetro tiene en cuenta tanto la transferencia de energía por radiación solar al interior de la edificación que atraviesa de forma directa el acristalamiento, como la irradiación debida a los procesos de almacenamiento de energía de los elementos del sistema de acristalamiento.

Si la ganancia solar es alta, la energía en el interior debida a la radiación aumenta y, por lo tanto, su temperatura. Este hecho puede ser muy interesante en invierno, sin embargo, puede incrementar la demanda energética en verano por necesidades de refrigeración.

Dentro de la ganancia solar se debe distinguir entre dos coeficientes: el factor solar y el factor de sombra.

 **Definición**

Factor solar (g)
Razón entre la ganancia solar debida a la luz solar directa que traspasa un acristalamiento determinado y la que traspasaría un acristalamiento ideal de 3 mm de espesor totalmente transparente bajo condiciones ideales. Da una indicación de la capacidad del vidrio utilizado en un acristalamiento concreto de aislar la radiación solar.

Factor de sombra (Fs)
Cantidad de radiación que incide sobre el acristalamiento que no es bloqueada por obstáculos que se generan sobre el edificio.

En la imagen se observa gráficamente el significado del factor solar. Para un vidrio no ideal, la radiación que traspasa este siempre será menor que en el ideal, de forma que:

$$A + B \leq A_{ideal} + B_{ideal}$$

Factor solar en vidrios

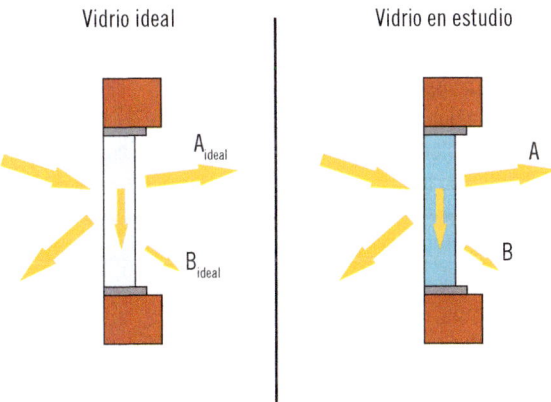

A partir de los dos factores anteriores se obtiene el factor solar modificado (*F)* que es utilizado en los cálculos numéricos según se establece en el Código Técnico de la Edificación. Así, el factor solar modificado vendrá dado por la expresión:

$$F = \Gamma_s \cdot \left[(1 \cdot \Gamma M) \cdot g + FM \cdot 0,04 \cdot U_m \cdot \alpha \right]$$

Donde

- **F:** factor solar modificado.
- **F_s:** factor de sombra.
- **FM:** fracción de sistema de acristalamiento opaco, es decir, marcos, separadores, etc.
- **g:** factor solar.
- **U_m:** transmitancia térmica de la parte opaca del sistema de acristalamiento.
- **α:** absortividad de la parte opaca del sistema de acristalamiento.

Ejemplo

Absortividad de una superficie
Fracción de la radiación solar incidente sobre ella que es absorbida. La absortividad se mide en porcentajes, siendo del 0 % cuando la superficie no absorbe radiación solar, y del 100 % cuando absorbe toda la radiación que incide sobre ella.

Según la expresión anterior, el factor solar modificado dependerá de diversos factores, como son los elementos que proporcionen sombras, el tamaño de los marcos o el espesor de los diversos elementos que componen el sistema de acristalamiento.

Transmitancia visible global

Como ya se ha comentado, el espectro de luz solar tiene varias componentes, entre las que se encuentran las longitudes de onda del espectro visible.

Espectro electromagnético correspondiente al rango de frecuencia visible

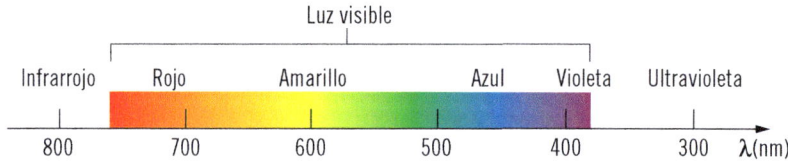

La transmitancia visible global da una indicación de la cantidad de luz visible que atraviesa la unidad de acristalamiento. Su valor dependerá principalmente del tipo o los tipos de vidrios usados en el sistema de acristalamiento, así como del número de estos que se emplee. Desde el punto de vista de eficiencia energética, este factor influye principalmente sobre el acondicionamiento luminoso del interior de la edificación y, por lo tanto, sobre la mayor o menor necesidad de uso de luz artificial. Sin embargo, es importante considerar otros factores sobre los que influye la transmitancia, ya que habrá que llegar a un acuerdo entre la mejora de la eficiencia y el confort visual en el interior de la edificación. Así, por ejemplo, si la transmitancia es alta en la edificación, penetrará mayor cantidad de luz natural, pero también se puede aumentar el deslumbramiento producido sobre pantallas de ordenadores o televisores y, por lo tanto, habrá una mayor incomodidad.

Actividades

6. Realizar una búsqueda en Internet de fabricantes de vidrios y realizar un resumen de las características en relación con el factor solar que proporcionan.

2.4. Permeabilidad e infiltración de aire

Un aislamiento ideal sería aquel en el que los ambientes interior y exterior están completamente desconectados, es decir, no hay paso de aire entre ambos ambientes. Sin embargo, esto no es posible y siempre habrá cierto grado de intercambio debido a aperturas, juntas, estructuras para la salida de gases, ventilación natural, etc.

La infiltración da una idea de la posible entrada de aire en la edificación de forma no controlada. Esta entrada de aire se puede producir en los elementos de unión, los sistemas de cierre o las fisuras y puede llegar a afectar considerablemente sobre la eficiencia energética del edificio. Este parámetro dependerá de las condiciones ambientales.

Por ello, en el estudio de eficiencia energética de edificaciones será importante poder localizar así como determinar el tamaño de las aperturas individuales en el cerramiento del edificio, ya que estas van a determinar la tasa de infiltración de aire de un edificio además de las características de transferencia de humedad y calor del cerramiento.

De forma general, a continuación se van a exponer algunos elementos comunes de la estructura de un edificio donde se producen pérdidas debido a la permeabilidad y la infiltración:

- **Paredes:** por lo general, la infiltración en las paredes se produce en sus extremos, tanto en las interiores como en las exteriores. Esto ocurre por ejemplo entre la unión de la placa de un tabique y la placa de solera o techos. También se puede producir infiltración en los pasamuros para cableado eléctrico o las tuberías de fontanería. Por otro lado, la existencia de grietas también es fuente de infiltración.
- **Techos:** en este caso, las principales estructuras que favorecen la infiltración son los sistemas de iluminación empotrada, así como el paso de fontanería entre plantas.
- **Sistemas de calefacción y refrigeración:** los conductos y las estructuras elaboradas para los sistemas de refrigeración o calefacción forzada son también fuente de pérdidas por infiltración.
- **Ventanas y puertas:** en este caso, las pérdidas por infiltración van a depender del tipo de estructura para la sujeción de estas al cerramiento así como del sistema de apertura y cierre.
- **Otros elementos** de las edificaciones como chimeneas, trampillas, etc., también influyen sobre la infiltración en los edificios. Dependiendo de sus dimensiones y estructura su influencia será mayor o menor.

En cuanto a la difusión por el propio cerramiento, las pérdidas se pueden considerar despreciables a las presiones normales debido a la baja permeabilidad de los materiales del cerramiento. Las condiciones atmosféricas en cada momento influirán también sobre su valor.

 Nota

Las ventanas que cierran sellando por compresión presentan menos infiltración que las que lo hacen por deslizamiento, como ocurre en las que tienen hojas correderas.

Actividades

7. Realizar la búsqueda en diversas fuentes de datos de infiltración del aire por los distintos elementos de una edificación y representarlo por medio de un dibujo esquemático.

3. Comportamiento dinámico de los edificios

Hasta ahora se ha estudiado el comportamiento de los edificios en base a sus características estáticas, es decir, no se ha hecho ninguna consideración sobre la variación en el tiempo de las variables del entorno como son la temperatura, la humedad, etc., y la evolución del sistema (edificación) cuando estas se producen.

En este punto se va a tratar de exponer cómo reaccionan los elementos de la edificación ante los cambios en las variables climatológicas.

Para ello se va a suponer que se produce un cambio en la temperatura exterior mientras que la interior se mantiene constante gracias a los equipos de climatización.

Anteriormente se introdujo el concepto de **masa térmica** así como algunos aspectos de la dinámica de la transmisión de la energía por el cerramiento, en concreto por muros y techos.

En cuanto a la masa térmica, a la hora de estudiar el comportamiento dinámico, este será un parámetro fundamental, ya que esta es la responsable del almacenamiento de energía y, por lo tanto, permite cierta regulación de su intercambio en el tiempo.

En la gráfica siguiente se observa la influencia de la masa térmica con el comportamiento del edificio para un cambio sinusoidal de la temperatura en el exterior. Se puede entender un cambio sinusoidal en la temperatura como aquel que sucede durante las 24 horas del día donde la temperatura va aumentando a lo largo de las horas diurnas y cayendo a lo largo de las nocturnas.

Respuesta de flujo de calor interior debido a la excitación exterior sinusoidal de temperatura

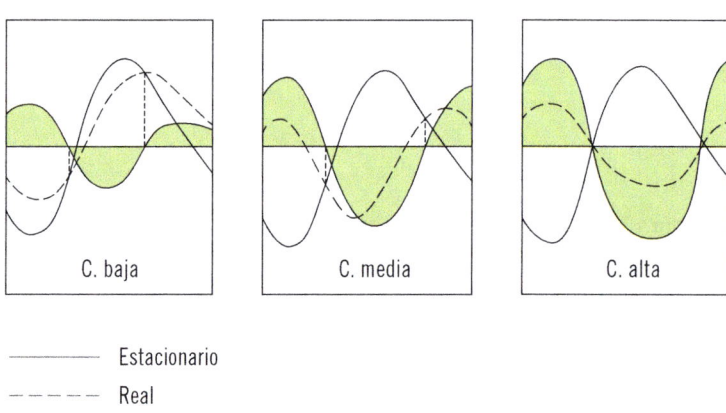

C. baja

C. media

C. alta

——————— Estacionario

– – – – – Real

En la gráfica se observa cómo, dependiendo de la masa térmica del edificio, el flujo de energía térmica a través del cerramiento se retrasa en mayor o menor medida con respecto al real, entendiéndose por real el flujo que se produciría si el edificio no tuviera masa térmica y por lo tanto aquel que sigue exactamente el cambio de la temperatura.

Con la parte coloreada se indica la diferencia entre la energía transmitida real y la estacionaria.

3.1. Condiciones de contorno en las superficies externas

Cuando se analiza la transferencia de energía en una edificación, la superficie externa se ve afectada por un conjunto de acciones medioambientales que no son controlables, a diferencia de lo que ocurre en el interior de la vivienda, donde de algún modo más o menos difícil es posible controlar o por lo menos conocer las fuentes de excitación térmica existentes.

Así, los agentes climatológicos externos son los que van a marcar la evolución de la transferencia superficial en el exterior.

Con las condiciones de contorno se van a establecer unos requisitos que dan una idea de cómo se produce el intercambio térmico.

En la superficie exterior se produce el intercambio térmico a partir de los siguientes mecanismos:

- Convección con aire exterior.
- Radiación solar incidente.

    - Radiación solar directa.
    - Radiación solar difusa.
    - Radiación solar reflejada.

- Intercambio radiante de onda larga.

Convección con el aire exterior

Como ya se ha estudiado, el parámetro básico para el análisis del intercambio térmico entre la superficie exterior del edificio y el ambiente que le rodea es el coeficiente de transferencia de calor por convección o coeficiente de película (h_o). Este parámetro depende de la velocidad del viento así como de la dirección de este con respecto a la superficie sobre la cual se produce el intercambio térmico. También dependerá de la diferencia de temperaturas entre la superficie y el aire.

Por lo general, los programas de simulación energética de edificios consideran este parámetro como una constante durante todo el año y para todas las superficies.

El valor por defecto que se suele tomar para este parámetro es de:

$$h_{ext} = \frac{20W}{m^2 K}$$

Radiación solar incidente

La radiación solar que incide sobre una edificación depende de factores como la orientación, la posición geográfica o la inclinación de la superficie con respecto al Sol.

Hay que diferenciar entre tres tipos de radiaciones: la radiación solar directa, la radiación solar difusa y la radiación solar reflejada.

 Definición

Radiación solar directa
Radiación que incide sobre un cuerpo en línea con los rayos solares. La radiación no sufre desviación.

Radiación solar difusa
Radiación solar que incide sobre un cuerpo tras desviaciones en su paso por la atmósfera.

Radiación solar reflejada
Radicación solar que incide sobre un cuerpo tras reflejarse en otra superficie.

Como ejemplo, en un día soleado la radiación principal que incidirá sobre el techo de una edificación es la directa, mientras que en un día nublado será principalmente difusa.

Tipos de radiaciones

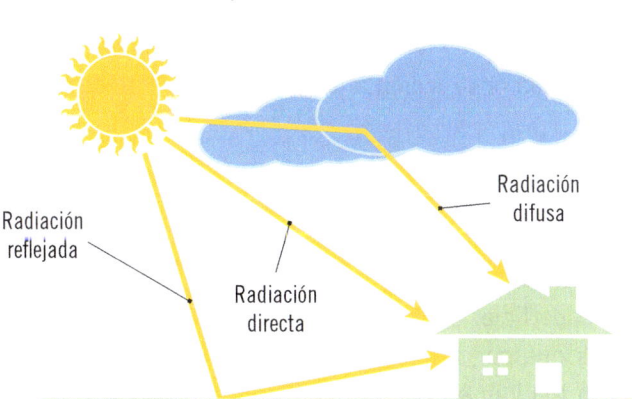

Radiación solar directa

En este caso, para establecer las condiciones de contorno se deben tener en cuenta los elementos que puedan obstaculizar dicha radiación incidente provocando sombras sobre el edificio. Estos obstáculos pueden ser externos al propio edificio en estudio, como las fachadas de otros edificios, o elementos del propio edificio: su propia fachada, voladizos, terrazas, etc.

Se debe tener en cuenta que el efecto de las sombras variará en función de la posición solar a lo largo del día y dependiendo de las estaciones.

Un caso particular de obstrucción de la radiación solar son los elementos de control solar, los cuales se diseñan con el fin de proporcionar sombra. En estos casos, la posición solar no se tiene en cuenta excepto en el caso de que estos se puedan adaptar a diversas situaciones, que se tomarán dos posibles valores del coeficiente de sombra, uno en verano y otro en invierno. Si además estos sistemas están automatizados, se pueden asignar valores al coeficiente de sombra mensuales o en periodos más cortos.

Radiación solar difusa

En este caso, como condición de contorno se toma la radiación solar isotrópica. En su obtención se deben tener en cuenta factores como el porcentaje de cielo visible desde la superficie y el ángulo de inclinación y orientación de esta. También se deberán considerar los objetos lejanos que provocan la obstrucción a la incidencia directa de la radiación solar.

Radiación solar reflejada

La condición de contorno para esta radiación se establece en función de los objetos sobre los que la luz solar se refleja y posteriormente incide sobre la superficie. De esta forma, se debe considerar el porcentaje de obstáculos que son visibles desde la superficie en estudio. Para su obtención se tendrán en cuenta también la orientación, la inclinación y la posición de la superficie.

Por lo general, en los programas de simulación se establece que los objetos adyacentes reflejan de forma difusa tomándose un coeficiente de reflectividad de 0,2.

Intercambio radiante de onda larga

Con esta condición de contorno se pretende tener en cuenta el intercambio de radiación de onda larga (infrarroja) que los objetos adyacentes intercambian entre sí. Entre estos objetos se deben incluir también el cielo, el suelo, las superficies de otras edificaciones, etc.

Para obtener la condición se hace la suposición de que todos los objetos adyacentes al edificio sobre el que se realiza el cálculo son cuerpos negros a la temperatura seca del aire excepto el cielo. Se deberá tener en cuenta la orientación y la inclinación de la superficie de estudio con respecto a las demás.

Para esta condición de contorno se supone una emisividad de las superficies exteriores del cerramiento del edificio de estudio de 0,9.

3.2. Condiciones de contorno en las superficies internas

Al igual que ocurría con las superficies exteriores de la edificación, las interiores también se verán sometidas a una serie de condiciones de contorno que marcará la transferencia energética entre el cerramiento y el ambiente interior.

Las condiciones de contorno que se van a contemplar en este texto son:

- Convección con aire interior.
- Radiación solar incidente y absorbida por las superficies interiores.
- Intercambio radiante de onda larga entre superficies interiores.
- Radiación absorbida procedente de las fuentes internas.

Convección con aire interior

En el interior de la edificación también se darán procesos de intercambio de calor por convección entre el aire interior y la superficie interior del cerramiento.

Para analizar este proceso se establece el coeficiente de transferencia de calor por convección o coeficiente de película interior (h_i).

Como en el caso de las superficies exteriores, este coeficiente dependerá de la velocidad de movimiento del aire en el interior y de su dirección con respecto a la superficie en estudio y, por supuesto, de la diferencia entre la temperatura de la superficie y del aire.

Se debe tener en cuenta que por lo general la velocidad del aire en el interior será menor y más constante que en el exterior.

Para simulación en los diversos *software,* se establece un valor constante para este parámetro a lo largo de todo el año, siendo:

$$h_i = 2W/m^2K$$

Radiación solar incidente y absorbida por las superficies interiores

Gracias a los sistemas de acristalamiento, la radiación solar penetra en la edificación y por lo tanto sus efectos sobre las superficies en las que incide deben ser considerados para un cálculo más exacto de la transferencia de energía térmica en el interior.

Cuando la radiación penetra en la edificación, esta sufrirá múltiples reflexiones, redistribuyéndose en su interior. En este caso será importante considerar los aspectos geométricos de las superficies interiores, paredes y techos, mobiliario, etc.

También se tendrá en cuenta la parte de radiación que sale de nuevo al exterior por la misma u otras superficies acristaladas.

Entre las superficies sobre la que la radiación incide absorbiendo energía, hay un tipo de especial interés y que se estudia por separado de las demás: los puentes térmicos.

A la hora de manejar esta condición de contorno en el *software* de simulación, será importante tener en cuenta ciertos valores establecidos como estándar para los cálculos. En el siguiente esquema se muestra la fracción de radiación solar directa que se establece como base de los cálculos.

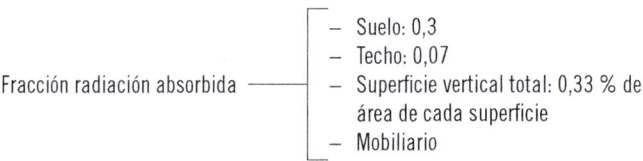

Para las superficies verticales el total es 0,33, siendo la aportación a esta fracción de cada superficie la correspondiente al porcentaje de su área con respecto al total.

Con respecto a la radiación devuelta al exterior, se considera que esta se corresponde con el 90 % de la radiación absorbida por las superficies acristaladas, considerándose por cada una su correspondiente superficie.

Del mismo modo, se tendrá que considerar la radiación solar difusa que penetra en la edificación.

En este caso, la radiación absorbida en el interior de la edificación dependerá proporcionalmente del área de su superficie.

Así, se supone que el 50 % de la radiación dirigida hacia el suelo es absorbida por el mobiliario, siendo el resto absorbido entre las superficies opacas y las acristaladas. De nuevo, el 90 % de la radiación absorbida por las superficies acristaladas es remitida al exterior.

Intercambio radiante de onda larga entre superficies interiores

Como condición general se toma un valor de la emisividad de todas las superficies interiores de 0,9. En el cálculo energético no se tienen en cuenta los elementos en el interior de la edificación, es decir, ni el mobiliario ni las personas u otros objetos, simplemente las superficies de la propia edificación. El balance se realiza considerando el intercambio de radiación de onda larga de estas superficies en función de su temperatura y áreas. Este se realiza en periodos de una hora.

Radiación absorbida procedente de las fuentes internas

En este punto se considera un nuevo aspecto del balance energético: el debido a los elementos internos que proporciona y que será absorbido por las superficies interiores de la edificación.

La fracción de calor proveniente de las fuentes internas absorbidas por la superficie es proporcional al área de estas superficies. Los cálculos se establecen para cada hora en función de la energía radiada por los distintos elementos en el interior de la edificación. Por lo general, las fuentes internas que se consideran son los ocupantes de la edificación, la iluminación y el resto de equipos instalados en el interior de la edificación. Así, del total de la radiación absorbida por estas fuentes, se establece una fracción del 0,6 para los ocupantes, del 0,8 para la iluminación y del 0,7 para el resto de equipos.

Asimismo, dependiendo del uso al que se destina la edificación, el equipamiento interno será distinto.

3.3. Fuentes de calor interno

Como se ha comentado, existe un conjunto de elementos que permanecen dentro de la edificación y que aportarán energía. Este es el caso de las personas que se encuentran en el interior de la edificación, los sistemas de iluminación y el resto de equipos de los que esté dotado.

Otros elementos que pueden proporcionar un intercambio de energía térmica en el interior de la edificación y que son propios de la estructura del edificio son los puentes térmicos, los cuales proporcionan caminos de baja resistencia térmica entre distintos puntos de la edificación o con el exterior. Los puentes térmicos, además, afectarán al bienestar de los ocupantes, ya que en las zonas donde se encuentran, al alcanzarse temperaturas superficiales distintas a las que se dan en las zonas normalmente aisladas, se incrementan las pérdidas del organismo por radiación y se reduce la temperatura media radiante del local, efecto que se conoce como **pared fría.**

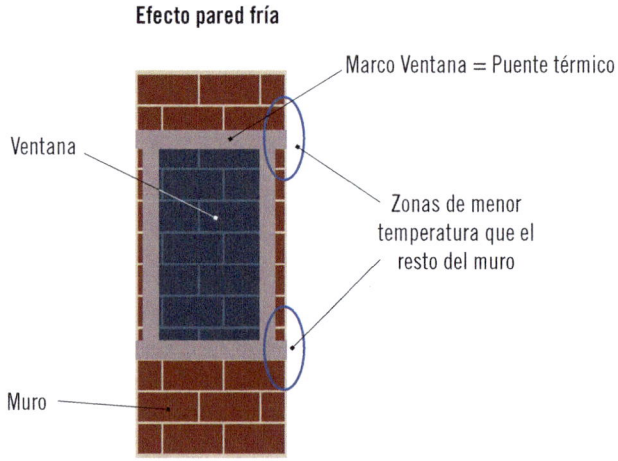

Efecto pared fría

3.4. Balance de energía en las superficies externas e internas

Como se ha comentado con anterioridad, en las superficies externas e internas de la edificación se producen intercambios de energía térmica debido a la existencia de diferencias de temperatura entre la superficie del cerramiento y el ambiente en el que está inmerso.

De manera muy concreta se puede decir que la energía que entra por una de las superficies del cerramiento será igual a la que sale por la otra más la disipada por diversos tipos de pérdidas en el interior del cerramiento.

$$Q_{Sale} = Q_{Entra} + Q_{Absorvida}$$

La expresión anterior presenta la ecuación de balance de la energía general.

3.5. Balance de energía del aire interior

Una ecuación similar se obtendrá para el caso del balance de energía en el aire interior. En este caso, se deberán considerar los elementos que proporcionan calor al aire interior y los que lo absorben.

 Sabía que...

Un ser humano en reposo proporciona al ambiente que le rodea en torno a 100 W de calor.

Entre los elementos que proporcionan energía calorífica al aire interior se encuentran los equipos y electrodomésticos así como las personas.

Los equipos de climatización, dependiendo de que funcionen en refrigeración o en calefacción, extraerán o aportarán energía térmica.

En este balance también se deberá considerar el intercambio de energía con la superficie interior del cerramiento.

$$Q_{Total} = Q_{EntraMuro} + Q_{Personas} + Q_{Equipos} + Q_{Calefaccion} - Q_{Refrigeracion} - Q_{SaleMuro}$$

Aplicación práctica

Supóngase que un edificio de una única habitación se encuentra ocupado por cuatro personas, de las cuales tres están viendo la televisión y la otra está trabajando con un ordenador. Es invierno y, por lo tanto, la temperatura exterior es menor que la interior del edificio, de forma que se tiene activa la calefacción.

El televisor cede al ambiente una cantidad de energía térmica de 300 W, el ordenador genera otros 300 W de calor y cada persona emite 100 W. La envolvente térmica del edificio está fabricada de tal forma que el calor que sale al exterior es de 1.000 W. ¿Cuál es el balance de energía?

SOLUCIÓN

Como la temperatura en el interior del edifico es mayor que en el exterior, el flujo de calor irá desde el interior de este hacia el exterior, por lo que:

$$Q_{EntraMuro} = 0$$

Además, por el motivo anterior, el calor debido a la refrigeración será también nulo:

$$Q_{Refrigeracion} = 0$$

Y por lo tanto, a partir de la ecuación de balance de energía térmica en el interior de la vivienda, se tendrá que:

Continúa en página siguiente >>

<< Viene de página anterior

$$Q_{Total} = Q_{Personas} + Q_{Equipos} + Q_{Calefaccion} - Q_{SaleMuro}$$

Teniendo en cuenta los datos proporcionados:

$$Q_{Personas} = 4 \times 100 = 400 \text{ W}$$

$$Q_{Equipos} = 1 \times 300 + 1 \times 300 = 600 \text{ W}$$

$$Q_{Calefaccion} = 100 \text{ W}$$

El flujo total de calor será:

$$Q_{Total} = 400 + 600 + 1000 = 2000$$

4. Tipos de sistemas de ecuaciones para sistemas de edificio

Como se ha visto, para la realización de la simulación térmica de edificios las aplicaciones informáticas de simulación deben resolver un conjunto de ecuaciones matemáticas a partir de una serie de parámetros suministrados por el usuario.

Estas ecuaciones deben considerar la evolución temporal de las variables para poder predecir qué sucede en las diversas situaciones en las que la edificación se pueda encontrar. Por ello, estas ecuaciones pueden llegar a ser de suma complejidad. Un desarrollo matemático completo de las ecuaciones que intervienen en la simulación del comportamiento térmico de edificios es interesante, pero excede los objetivos de este texto y por lo tanto será eludido. No obstante, en este punto se dará un resumen a modo recordatorio de las principales ecuaciones para tener en mente qué parámetros son los más importantes a la hora de realizar la simulación de un edificio.

Las primeras ecuaciones que intervienen en la simulación son aquellas que permiten determinar las propiedades de los materiales constructivos de la edificación, entre las que se encuentran las ecuaciones de resistencia térmica y de capacidad de almacenamiento de energía de la edificación.

$$C = \rho \cdot C_p \cdot L$$

$$\text{Resistencia térmica (R)} = \frac{\text{Espesor (L)}}{\text{Conductividad térmica (k)}}$$

Una vez los materiales están caracterizados, es importante conocer cómo influye el cerramiento en el balance energético teniendo en cuenta todas las capas que lo constituyen. En este sentido, la ecuación a tener en cuenta es la que permite el cálculo de la resistencia térmica total del cerramiento.

$$R_T = \sum_{j=1}^{n} R_j = R_1 + R_2 + \ldots + R_n$$

Como el cerramiento también está compuesto de sistemas de acristalamiento, las aplicaciones informáticas para la simulación de edificio hacen cuenta de ello por medio de la siguiente ecuación:

$$F = F_S \cdot \left[(1 - FM) \cdot g + FM \cdot 0{,}04 \cdot U_m \cdot \alpha \right]$$

Por último, se consideran las ecuaciones de balance energético:

$$Q_{Sale} = Q_{Entra} + Q_{Absorvida}$$

$$Q_{Total} = Q_{EntraMuro} + Q_{Personas} + Q_{Equipos} + Q_{Calefaccion} - Q_{Refrigeracion} - Q_{SaleMuro}$$

5. *Software* de simulación energética

Como ocurre en otras áreas de la industria y la construcción, la simulación mediante programas informáticos de los procesos de intercambio energético que se producen en las edificaciones está adquiriendo un papel de gran importancia.

En este sentido, y como se verá en un punto posterior, existe una amplia cantidad de *software* que cubren desde aspectos concretos de un elemento de edificación hasta aquellos que permiten la simulación de edificios completos y complejos.

En este punto se va a tratar de analizar la estructura y la funcionalidad de este tipo de *software* para comprender su uso.

5.1. Estructura de programas de simulación energética

Los programas de simulación energética son un tipo de *software* de mucha complejidad, ya que pretenden analizar el comportamiento completo en lo que respecta a los intercambios de energía de un edificio. Este tipo de *software* considera los edificios como un gran sistema dividido en un conjunto de subsistemas entre los que se producen interacción y contribuyen al balance energético total.

Entre los subsistemas constituyentes de la edificación se encuentran los elementos constructivos como la envolvente térmica, que además puede subdividirse en muros, techos, sistemas de acristalamiento, puentes térmicos, etc. Otros subsistemas que deben ser considerados son aquellos que desprenden o absorben energía calorífica, como son los sistemas de iluminación, calefacción, ventilación y refrigeración.

Para llevar a cabo sus objetivos, los programas de simulación se componen de un conjunto de módulos que ofrece diversas funcionalidades.

Así, habrá módulos para la entrada de datos, módulos para la realización de los cálculos de la simulación y módulos de presentación de la información al usuario.

Por lo general, los programas de simulación incorporan un conjunto de plantillas para facilitar la entrada de datos al sistema, de forma que estos se aproximen lo más posible a datos reales en las diversas circunstancias que se puedan dar.

Concretando, se pueden establecer como generales los siguientes elementos de un programa de simulación de eficiencia energética.

Interfaz de usuario

La interfaz de usuario proporciona un mecanismo para la interacción del usuario del *software* de simulación con el motor de cálculo para la simulación. La interfaz permite la introducción de datos y la gestión del programa, así como la obtención de resultados.

Básicamente se compone de un conjunto de ventanas en entornos gráficos con elementos de visualización y controles para la introducción de datos.

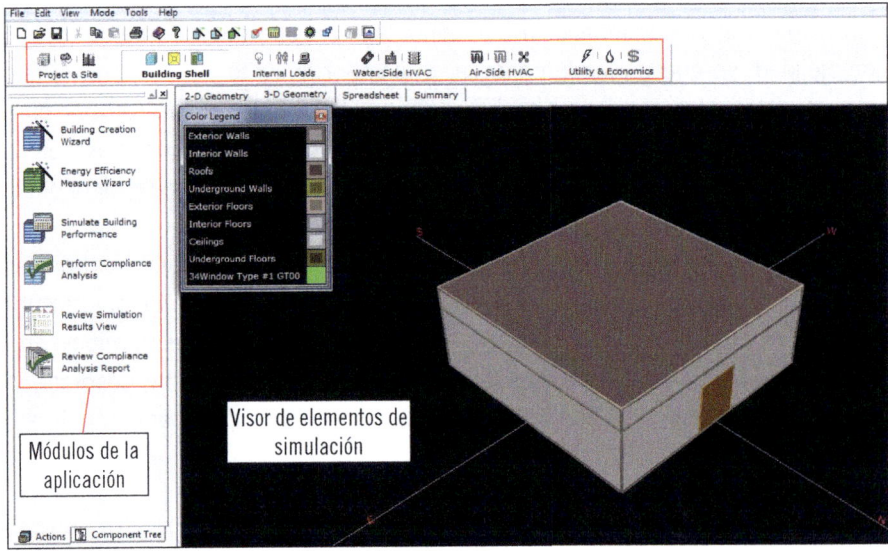

Interfaz principal de usuario

Como se ha comentado, una parte de la interfaz gráfica se encargará de la presentación de resultados.

Por lo general, los resultados proporcionados por el *software* de simulación de eficiencia energética son proporcionados de forma gráfica, mediante curvas, o por medio de tablas de datos.

Motor de cálculo para simulación

El motor de cálculo para simulación es la parte del *software* encargada de realizar todos los cálculos matemáticos que se requieran para la obtención de los resultados de la simulación a partir de los datos introducidos por el usuario.

Este es un componente complejo, no visible para el usuario, pero de vital importancia ya que es el alma del *software*.

Para su funcionamiento será necesario que pueda disponer de todos los datos imprescindibles para llevar a cabo la simulación de forma correcta, como son la estructura de la edificación, los datos sobre los materiales constituyentes, los datos climatológicos, etc.

Sistema de ayuda y documentación

Para facilitar al usuario el manejo del programa y la interpretación de resultados, el *software* viene dotado de un sistema de ayuda para consulta rápida, así como de un conjunto de documentación para acelerar el aprendizaje y el manejo del *software.*

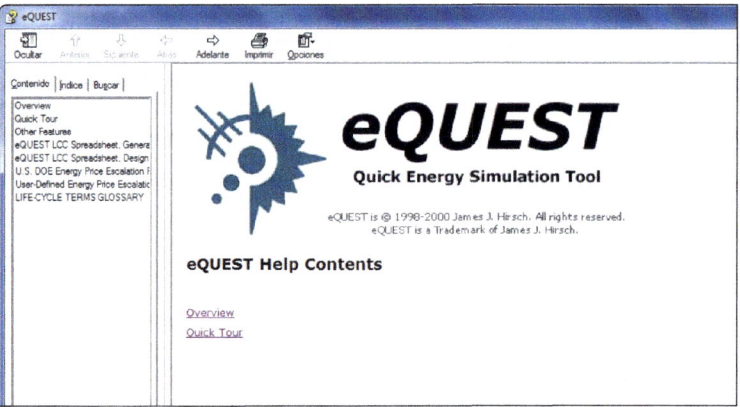

Sistema de ayuda eQuest

Actividades

8. Entrar en el sistema de ayuda del programa eQuest y hacer un resumen del tutorial básico que propone para familiarizarse con el uso del programa. eQuest es un *software* libre que se puede descargar de la página web: http://doe2.com/equest/index.html.

5.2. Parámetros característicos

Como se ha visto, el *software* de simulación necesitará, para poder realizar los cálculos que proporcionen el resultado de la simulación, una serie de parámetros.

Definición

Parámetros
Valores que difieren de un edificio a otro, o que varían en el tiempo, y a los que es necesario dar un valor para resolver las ecuaciones.

Aunque en ocasiones los parámetros han de ser introducidos de forma manual por el usuario de la aplicación, en general se encuentran en bases de datos y catálogos de fabricantes, o están tabulados de forma que el propio *software* es capaz de incorporarlos al proceso de simulación.

Dependiendo de qué elemento de la edificación se quiere simular y del objetivo de la simulación, los parámetros a considerar serán diversos.

Así, por ejemplo, para la simulación del aislamiento debido a la envolvente térmica, los parámetros involucrados son:

- **Parámetros para muros y techos:**

  - Resistencia térmica (R).
  - Capacidad de almacenamiento de energía (C).

- **Parámetros de los sistemas de acristalamiento:**

  - Factor solar (g).
  - Factor de sombra (F_s).
  - Transmitancia (U).

- **Parámetros climatológicos:**

  - Temperatura exterior (T_e).
  - Temperatura interior o temperatura de consigna (T_i).
    Nota: la temperatura de consigna es aquella que se le indica al equipo de climatización para que se mantenga constante dentro de una determinada estancia de la edificación. Por ejemplo, cuando un equipo se programa para que mantenga la temperatura a 22 ºC; esta sería la temperatura de consigna.

- Otros parámetros son el ángulo de orientación, la humedad, etc.

Se debe diferenciar entre aquellos parámetros que permanecen constantes a lo largo del tiempo de aquellos que dependen del tiempo. Así, los parámetros estructurales son fijos, al igual que la orientación, pero la temperatura exterior variará con respecto al tiempo, ya que esta no será la misma a lo largo de las 24 horas del día, además de que su rango de variación también se verá afectado a lo largo del año.

Por lo general, estos parámetros son obtenidos de bases de datos climatológicas.

Las cargas térmicas del edificio, así como los equipos de climatización y el resto de instalaciones que puedan afectar al balance energético del edificio, también introducirán su propio conjunto de parámetros que el *software* de simulación deberá conocer para poder llevar a cabo los cálculos de forma correcta.

En el caso de equipos, los fabricantes proporcionarán valores de estos parámetros. Así, por ejemplo, si el sistema de calefacción de un edificio se realiza por medio de calderas, se deberá proporcionar la temperatura de impulsión como parámetro.

5.3. Pasos de modelización

El proceso de modelización permite crear los elementos necesarios en cada fase del proceso de simulación para que esta pueda ser llevada a cabo.

Modelar es crear un conjunto de datos que resuma de forma aproximada la estructura, las interacciones y el comportamiento de un determinado sistema. Cuanto más exacto sea el modelo en relación con el sistema real del que parte, mejor serán los resultados; sin embargo, esto implica un aumento de la complejidad que puede repercutir en demasiada dificultad para llevar a cabo su resolución.

El modelado para el uso del *software* de simulación se realiza en tres etapas.

En la primera etapa se crea el modelo físico, donde se pretenden describir los elementos constituyentes de este como son su envolvente térmica, los sistemas de acristalamiento, etc. En este modelo, al que se le denomina **modelo-D (modelo de definición),** se incluyen también las dimensiones, los materiales y los demás elementos constructivos que sean necesarios para la descripción adecuada del edificio.

Recuerde

El modelo-D o modelo de definición presenta la representación física del edificio a simular de forma entendible para el *software* de simulación.

La información generada en el modelo-D es almacenada en un formato de archivo determinado como puede ser un archivo DXF típico de algún *software* de diseño asistido por computador (CAD) u otros formatos como BDL, CTE, etc.

Como se puede deducir, la obtención del modelo-D puede ser realizada por programas CAD como AutoCAD, siendo posteriormente exportado al programa de simulación o introducido directamente en él, para lo cual estos programas proporcionan una adecuada interfaz para introducir los datos descriptivos de la edificación.

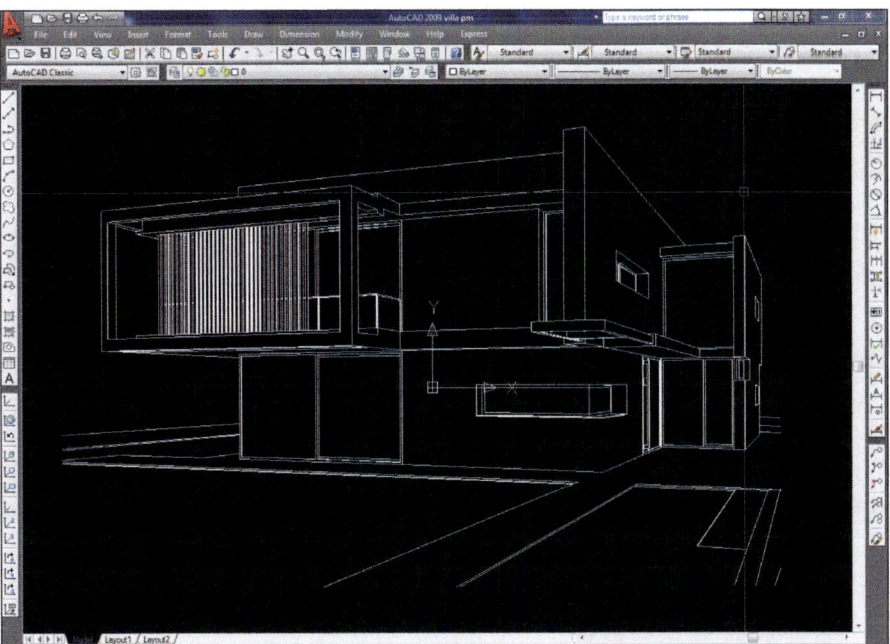

Realización del modelo D

Actividades

9. Buscar en internet información sobre diversos software de CAD para construcción y hacer un cuadro resumen con sus características.

En la segunda etapa, el modelo-D se utiliza como entrada al programa de simulación. A partir de este, el *software* obtiene el modelo-S (modelo de simulación), donde se genera la información matemática e informática adecuada para que el motor de cálculo pueda realizar la simulación. Para que el modelo-S sea completo no solo será necesaria la información proporcionada en el modelo-D, sino que habrá que considerar la información adicional proporcionada por bases de datos como son los aspectos climáticos de la zona donde está el edificio, las características físicas y los valores de los parámetros de los elementos constructivos de la edificación. A partir de los datos incluidos en el modelo-S, el motor de cálculo del *software* de simulación resuelve las ecuaciones necesarias y obtiene los resultados.

Recuerde

El modelo-S o modelo de simulación proporciona los datos matemáticos e informáticos comprensibles por el motor de cálculo del *software* para realizar la simulación.

Por último, en la tercera etapa, a partir del proceso de simulación se obtendrán los datos finales de simulación que serán presentados al usuario.

Modelado para simulación de edificios

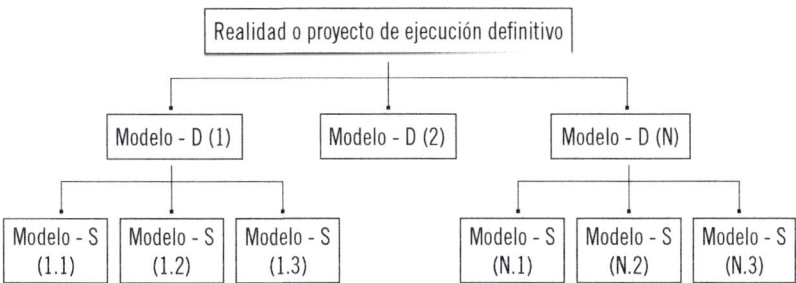

Hay que decir que, para un mismo problema, es decir, para la simulación de un mismo edificio, cada *software* de simulación podrá realizar modelos diferentes para resolver y obtener los datos de simulación, tal y como se observa en el esquema anterior.

Aplicación práctica

Supóngase que se quiere modelar un edificio de una planta cuyas dimensiones son de 98 m² distribuidas en un rectángulo de 7 m · 14 m.

El edificio tiene una puerta principal de 1,5 m y dos ventanas de 1,2 m.

Represente un posible modelo-D muy simplificado del edifico.

SOLUCIÓN

Un modelo-D, es decir, el modelo de definición del edificio consistirá básicamente en sus planos constructivos donde se establecen las dimensiones y la distribución del cerramiento así como los materiales constructivos de este.

En este caso, el modelo-D sería el mostrado en la siguiente figura:

Continúa en página siguiente >>

<< Viene de página anterior

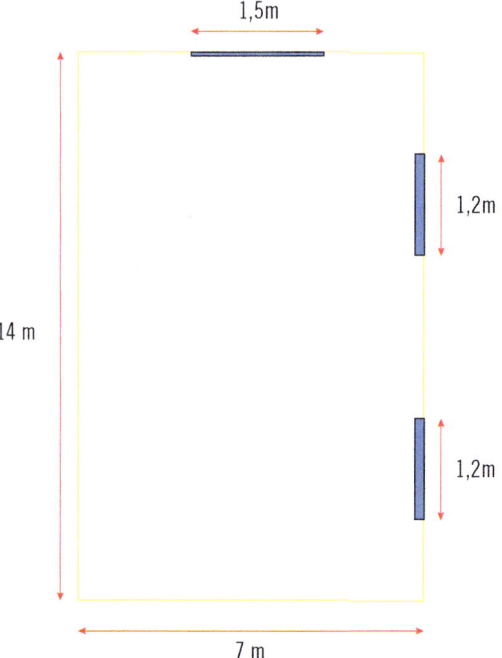

 Actividades

10. Realizar un modelo-D muy resumido de un edificio de dos plantas e incorporar datos sobre los materiales con los que se fabricaría el edificio.

5.4. Programas de simulación energética de edificios

En el mercado existe un amplio número de *software* de simulación de edificios, muchos de ellos gratuitos y de gran calidad, cada uno de los cuales proporciona diferentes características. Por desgracia, dentro de los programas informáticos más utilizados no se encuentra ninguno en lengua española, siendo el inglés el lenguaje habitual.

La elección de un *software* determinado dependerá principalmente de los requisitos y del objetivo de la simulación. Hacer una comparativa de estos excede el alcance de este texto, por lo que se propone como actividad.

Actividades

11. En el documento Guía técnica Procedimientos y aspectos de la simulación de instalaciones térmicas en edificios que proporciona el Instituto para la Diversificación y Ahorro de la Energía (IDAE), que puede descargarse en su página web, se establece una comparativa bastante amplia sobre las características principales de los *software* de simulación más utilizados en la actualidad. Examinar dicho documento y realizar un resumen ampliando la información a partir de las fuentes del documento mencionado. Puede acceder a través del siguiente enlace:

https://redirectoronline.com/uf05710101

En este apartado se va a analizar principalmente eQuest, aunque existen otros *software* como EnergyPlus, ampliamente extendido internacionalmente.

 **Actividades**

12. Descargar e instalar los paquetes *software* de eQuest (<http://www.doe2.com>) y EnergyPlus (<https://energyplus.net/>).

Software de simulación eQuest

eQuest es la evolución de uno de los primeros intentos de realizar un *software* de simulación energética de edificaciones. Su precursor, conocido como DOE-2, surge como iniciativa del Departamento de Energía de los Estados Unidos para el análisis y la mejora de la eficiencia energética, así como para la reducción de los costes debido al consumo energético en las edificaciones. Básicamente, DOE-2 es un motor de cálculo y simulación que analiza los balances energéticos de un edificio teniendo en cuenta su estructura, climatología de su entorno y los equipos instalados para calefacción y refrigeración.

DOE-2.2 introduce algunas mejoras sobre el motor de cálculos, haciendo más exacto y eficiente el *software* de simulación.

Flujo del programa de simulación eQuest

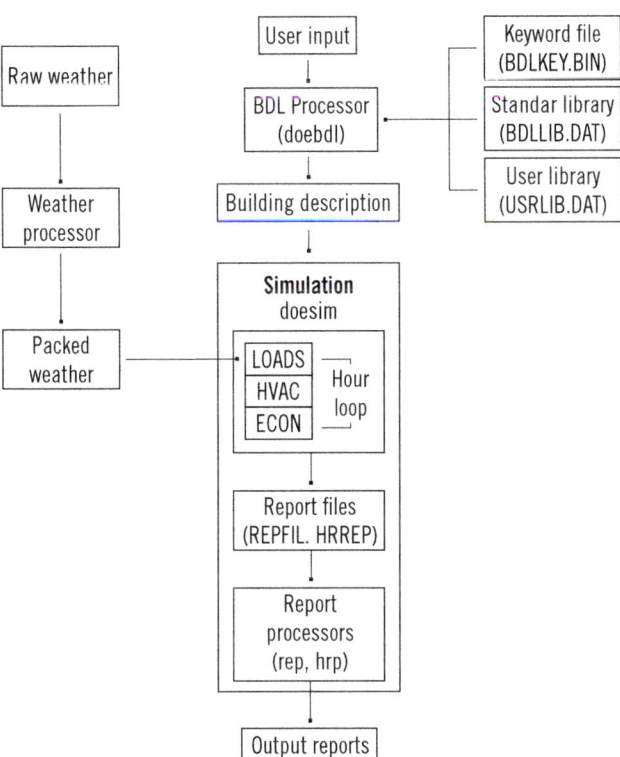

En la figura anterior se observa el esquema básico del motor de cálculo de DOE-2.2. Este esquema se puede considerar como una estructura básica de funcionamiento de la mayoría de los programas informáticos existentes para la simulación de edificaciones.

Como se puede observar, para su operación necesita de un conjunto de datos de entrada que tras pasar por el procesador de simulación devuelve al usuario un informe de salida con información sobre el consumo energético.

Los datos de entrada son:

- **Descripción de la edificación:** conjunto de datos proporcionados por el usuario donde se incluyen los aspectos geométricos y los elementos constructivos, esto es, las dimensiones y los materiales de los diversos componentes de la edificación así como su distribución o posición en esta.

- **Datos meteorológicos:** estos son datos tomados para cada zona climatológica diferenciada de forma temporal, lo que quiere decir que, por ejemplo, la información es proporcionada para cada hora en un periodo de un año y para una localidad concreta. Los datos meteorológicos provienen de bases de datos que proporcionan diversas entidades, ya sean gubernamentales o no.
- **Librerías:** conjunto de datos de los diversos parámetros que intervienen en la simulación, como pueden ser las transmitancias térmicas de los materiales usados para muros, el factor solar del vidrio utilizado en un sistema de acristalamiento determinado, etc.

En DOE-2, la descripción de la edificación se realiza en un lenguaje específico denominado **BDL** (*Building Description Lenguaje;* en español: lenguaje de descripción de edificaciones). Este es un lenguaje parecido a los lenguajes de programación que permite indicarle al *software* de simulación todos aquellos datos necesarios para llevar a cabo su operación. No se va a entrar en más detalles sobre este lenguaje ya que excede el objetivo de este texto y, por otro lado, como se verá, los *software* de simulación actuales permiten la introducción de estos datos a partir de una interfaz amigable, es decir, fácilmente entendible por los usuarios que posteriormente es traducida por algún módulo de *software* a BDL.

A partir de las entradas proporcionadas al motor de cálculo, este realiza las operaciones adecuadas y da como resultado un informe.

Como se ha comentado, eQuest es la evolución de DOE-2.2. Realmente, eQuest utiliza el motor de simulación de DOE-2.2 para realizar sus operaciones y añade elementos que mejoran la usabilidad, como son facilidades para la introducción de datos en el motor de simulación.

Este *software* consta de dos módulos principales dependiendo del objetivo de la simulación así como de la complejidad de la edificación a simular.

El módulo más simple se denomina *schematic design wizard* (diseño de esquemático rápido).

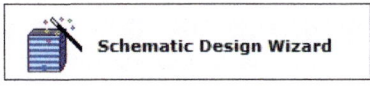

Botón de inicio de proyecto básico

Este se utiliza para simulaciones de edificaciones simples o para las primeras etapas de un diseño complejo.

Cuando se pretenden simular edificaciones complejas o con un detalle mayor se utiliza el *design development wizard* (diseño de desarrollos rápido).

Botón de inicio de proyecto complejo

Estos dos módulos permiten introducir el modelo-D en el sistema por medio de la introducción de un conjunto de datos.

Tras ello, el *software* traduce las especificaciones del modelo-D al modelo-S o modelo de simulación de forma que puedan ser interpretados por los otros módulos del *software.*

De esta manera, los siguientes módulos a considerar en el *software* realizan la simulación y proporcionan los resultados.

El módulo *simulate building performance* realiza una simulación general con los parámetros introducidos.

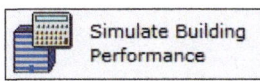

Botón de ejecución de la simulación

Mientras, el módulo *energy efficiency measure wizard* permite llevar a cabo las simulaciones enfocadas hacia la medida de la eficiencia energética del edificio.

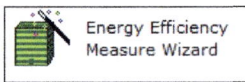

Botón de realización de medidas de eficiencia energética

En cuanto a los resultados, el *software* incorpora un módulo *review simulation results view* para la visualización tanto de forma gráfica como en forma de tablas.

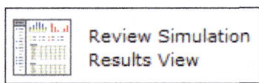

Botón de presentación de resultados de la simulación

Software de simulación EnergyPlus

Un segundo paquete de *software* que conviene mencionar es EnergyPlus.

Este, al igual que eQuest, proporciona un conjunto de herramientas para la simulación energética de edificios.

EnergyPlus proporciona versiones para los sistemas operativos más importantes en la actualidad.

Como el anterior, es un *software* libre que puede descargarse de forma gratuita.

Para su desarrollo se tomó como base DOE-2 y BLAST. Del motor de simulación DOE-2 ya se han dado algunas indicaciones al tratar eQuest; en cuanto a BLAST *(Building Loads Analysis and System Thermodynamics),* es otro potente motor de simulación para el análisis de cargas térmicas en edificaciones.

El principal inconveniente de EnergyPlus es que no presenta una interfaz gráfica amigable para la introducción de los datos del edificio (modelo-D) desde el propio *software* y, por lo tanto, este puede llegar a ser un proceso bastante complejo.

Para solventar este problema, los desarrolladores del *software* proporcionan herramientas a desarrolladores de *software* externos que permiten incorporar facilidades a la aplicación. Así, por ejemplo, el grupo de investigación en simulaciones de los laboratorios Berkeley ha desarrollado una interfaz gráfica, denominada **Simergy,** que permite una introducción más cómoda de los datos a la aplicación.

Interfaz gráfica de Simergy

Para su operación, EnergyPlus sigue el esquema básico proporcionado en la figura para el motor de cálculo de eQuest.

Flujo del programa de simulación eQuest

```
                              User input          Keyword file
                                  │              (BDLKEY.BIN)
  Raw weather                     │
                                  ▼
                             BDL Processor        Standar library
                               (doebdl)           (BDLLIB.DAT)

                                  │               User library
                                  ▼              (USRLIB.DAT)
   Weather                  Building description
   processor

                                  │
                                  ▼
                             Simulation
                               doesim

   Packed                    ┌─────────┐
   weather                   │ LOADS ──┐│
                             │ HVAC  Hour│
                             │       loop│
                             │ ECON ──┘ │
                             └─────────┘

                                  │
                                  ▼
                             Report files
                            (REPFIL. HRREP)

                                  │
                                  ▼
                               Report
                              processors
                              (rep, hrp)

                                  │
                                  ▼
                             Output reports
```

Así, se necesitará un conjunto de archivos de entrada, los cuales, para facilitar la interoperabilidad con otro *software* y módulos externos, son archivos de texto con formatos bien definidos. Estos archivos permiten introducir al motor de cálculo datos del modelado del edificio: datos geométricos, datos constructivos, información meteorológica, etc.

Tras procesar estos archivos por medio del motor de simulación, proporciona un conjunto de archivos de salida que puede ser interpretado por otros módulos o programas externos.

Ejemplo

Como ejemplo se va a examinar de forma breve la forma de trabajar de EnergyPlus. Para ello se supondrá que el *software* ya está instalado en el ordenador y disponible para trabajar.

El objetivo es trabajar con uno de los archivos de ejemplo que se proporciona en el proceso de instalación del *software.* Será conveniente que el lector siga los pasos que se van dando e interactúe con el programa de forma que vaya comprendiendo los diversos elementos que se necesitan para la simulación.

En primer paso es lanzar la aplicación. Para ello, se ejecuta el archivo EP-Launch.exe. Este lanza un módulo que permite introducir los archivos necesarios para la simulación, como se muestra en la siguiente imagen.

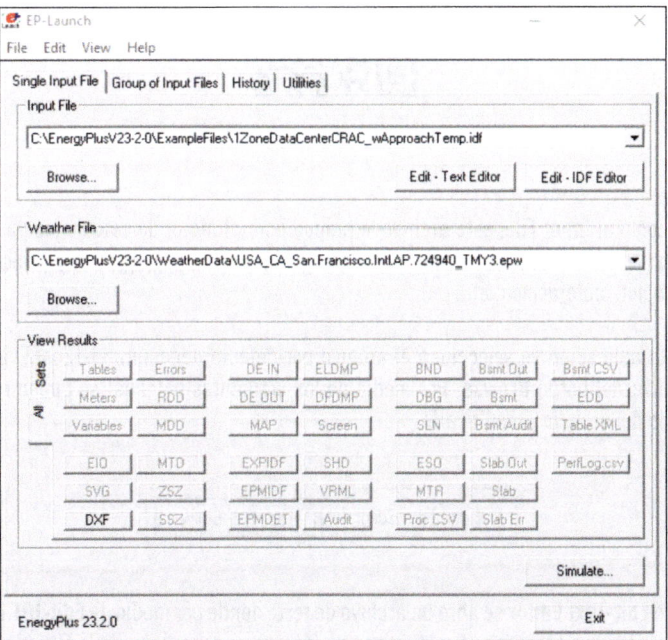

EP-Launch, pantalla principal de EnergyPlus

En esta pantalla principal se pide la introducción de dos archivos principales: Input File y Weather File. Ambos diálogos permiten desplegar un menú con un conjunto de ficheros.

Continúa en página siguiente >>

<< Viene de página anterior

Como se puede observar, los archivos de datos climáticos proporcionados por el programa son para EE. UU. Sin embargo, en la página web de la aplicación se pueden descargar archivos de zonas climáticas de España. Por lo tanto, el siguiente paso será descargar un archivo climático de alguna provincia, que en este caso será Sevilla.

Para ello se entra en la página web, y en el buscador **Search Weather Data** buscamos la localidad cuyos datos meteorológicos queremos descargar. Una vez encontrados los archivos meteorológicos se descarga el archivo .EPW denominado ESP_Sevilla.083910_IWEC y se descomprime en la carpeta WeatherData dentro del directorio de instalación de la aplicación. Después, se carga en la ventana anterior; para ello se pulsa sobre el botón **Browser** y se selecciona el archivo. Puede acceder a la página web a través del siguiente enlace:

https://redirectoronline.com/uf05710102

Con respecto al Input File, este archivo le proporciona al motor de cálculo los parámetros relacionados con el edificio, como son los datos geométricos, constructivos, los equipos de climatización, calefacción, etc.

Para esta aplicación se selecciona el archivo por defecto denominado 1ZoneEvapCooler. idf. a partir del botón **Browse.** Por medio de los siguientes botones se puede revisar el contenido del archivo y modificarlo.

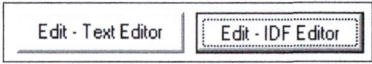

Pulsando **Edit-Text Editor** se abre un archivo de texto donde por medio de **Edit-IDF Editor** se tiene acceso a un editor especifico de archivos .idf", como se muestra en la figura siguiente.

Continúa en página siguiente >>

<< Viene de página anterior

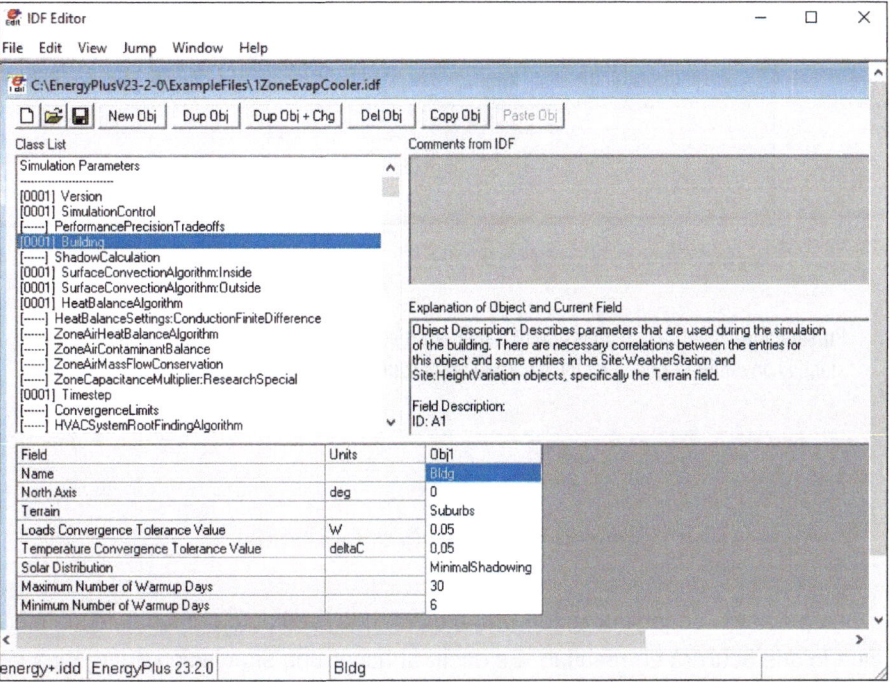

Editor de archivos .idf

Como se puede deducir, la manipulación de estos archivos es muy compleja, por lo que para esta aplicación práctica se dejarán los proporcionados por defecto.

Una vez se han seleccionado los dos archivos, se procede con el proceso de simulación, para lo cual se pulsa el botón **Simulate**.

Tras realizarse la simulación, se analizan los archivos por medio de los botones de la zona denominada **View Result**.

Continúa en página siguiente >>

<< Viene de página anterior

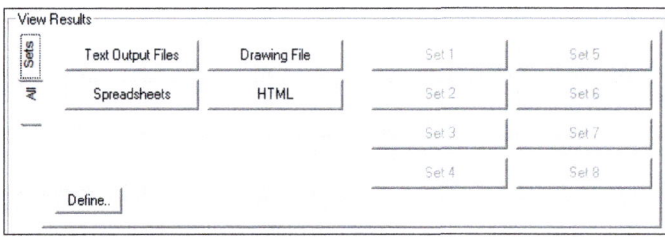

Opciones de visualización de resultados en EnergyPlus

Pulsando las diversas opciones se obtienen archivos con los resultados de la simulación, siendo conveniente que el lector los analice y saque conclusiones.

5.5. Precisión en la simulación energética de edificios

La precisión de la simulación proporciona una medida de cómo esta se acerca a lo que ocurrirá en realidad. Es decir, al hacer una simulación energética de un edificio se pretende predecir cómo funcionarán y aprovecharán los recursos energéticos ante las variaciones climatológicas. Pero una predicción nunca se acercará a la realidad al 100 %, por ello es importante conocer los factores que pueden afectar a la precisión en una simulación para tenerlos controlados.

La simulación se lleva a cabo a partir de un conjunto de datos teóricos como son las propiedades de los materiales, entre las que se encuentran su resistencia térmica, densidad, etc. Estas propiedades son bien conocidas y no producirán una desviación en la simulación, sin embargo, existe un conjunto de datos que se deben proporcionar al programa, y son datos estadísticos que sí pueden variar de un año a otro. Entre estos datos están la temperatura, la humedad, la radiación solar incidente sobre la fachada, etc.

Condiciones ambientales de Sevilla, desde el 1 de enero hasta el 31 de diciembre

Máximo: 41,1 ºC a las 14 horas del 21/7   Mínimo: 41,1 ºC a las 14 horas del 21/7

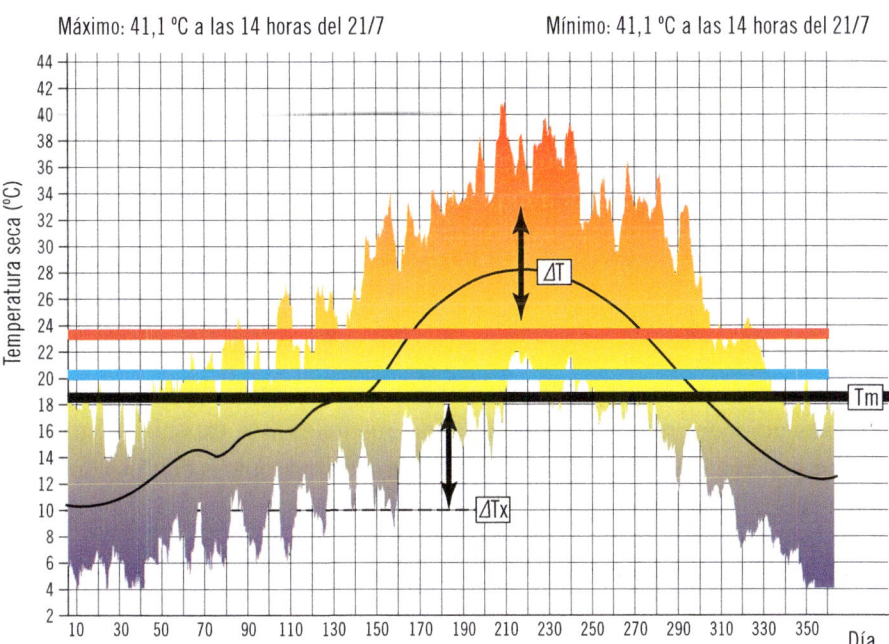

Variación anual de la temperatura en Sevilla. Valores máximos y mínimos promediados en 30 años (Tm: temperatura media anual, ΔT: temperatura media diaria, ΔTx: valor medio de la oscilación diaria de la temperatura a lo largo del año).

 **Actividades**

13. Buscar diversas fuentes de información meteorológica y comprobar las variaciones anuales que se pueden producir para tener una idea de la fiabilidad de la simulación dependiendo de las distintas zonas geográficas.

6. Aplicación práctica

Como aplicación práctica se va a realizar la simulación energética de un edificio determinado por medio de la herramienta informática eQuest.

Esta simulación se hará de forma guiada de manera que el lector deberá ir realizando los pasos que se vayan dando a lo largo de este punto. Ya que el programa fue diseñado y desarrollado por el Departamento de Energía de los E.E. UU., los textos y los cuadros de diálogo están en inglés. Por ello, será conveniente el uso de algún traductor para poder moverse mejor por los diversos menús y cuadros de diálogo, aunque al final del capítulo se proporcionará un glosario con el significado de las palabras más importantes.

En este sentido, otro aspecto del *software* que dificulta su uso es que se utiliza el sistema de unidades anglosajón en vez del Sistema Internacional de Medidas. Durante el desarrollo de la aplicación práctica se irán detallando aquellas unidades que se consideren fundamentales y se expondrá el método de conversión a la unidad en el Sistema Internacional, que es el utilizado como estándar en España.

Pese a estos inconvenientes, se ha optado por el uso de este *software* para llevar a cabo la aplicación práctica debido a su gran potencia, como se comentó en un apartado anterior, y a la cantidad de conceptos de los balances energéticos en edificaciones.

Además, se considera que el objetivo de esta aplicación práctica no es profundizar en el uso de este *software,* sino obtener una idea cualitativa sobre los elementos y los conceptos que intervienen en la simulación energética de edificios como aspecto base para afrontar los capítulos siguientes donde se introducirán las aplicaciones *software* más importantes en la actualidad usadas en España para la limitación de la demanda energética y la cualificación energética de edificios.

Para su realización se supondrá que ya se ha instalado el *software* y que, por lo tanto, ya está operativo.

El edificio a simular es una vivienda unifamiliar con una única planta cuadrada y una superficie de 100 m^2. La planta no tiene subdivisiones. Aunque este caso puede ser poco realista se ha considerado así por simplicidad, ya que el objetivo de este punto es mostrar al lector las capacidades del *software* y un esquema general de su forma de trabajar sin entrar en detalles complejos.

Se recomienda al lector que **juegue** con el *software* probando distintas posibilidades para sacarle el máximo partido.

Solución

El primer paso es crear un nuevo proyecto, para ello, al ejecutar la aplicación, aparece el cuadro de diálogo mostrado en la siguiente imagen.

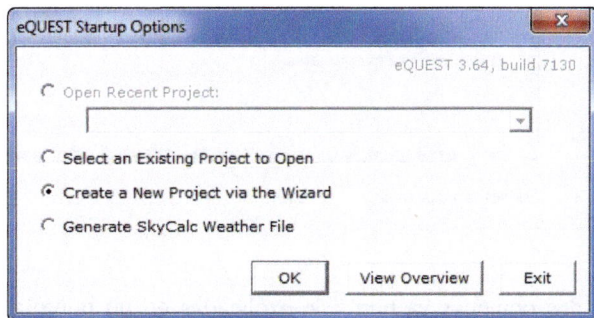

Cuadro de diálogo de inicio de la aplicación

En él se selecciona **Create a New Project via the Wizard,** opción que va a permitir crear un nuevo proyecto de simulación de forma simplificada.

Pulsando **Ok** se abre un nuevo cuadro de diálogo con dos opciones que son mostradas en la imagen siguiente.

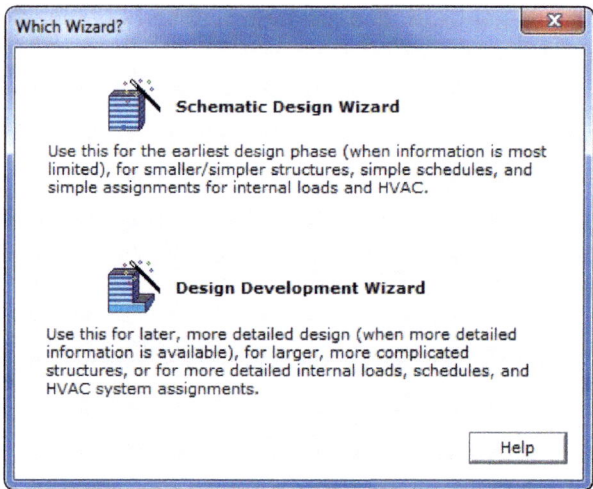

Elección de tipo de proyecto

Las dos opciones ya han sido explicadas en un punto anterior. Para comenzar con el proyecto se selecciona la primera opción: **Schematic Design Wizard.**

Esta opción nos llevará por un conjunto de paneles o cuadros de diálogo donde se deberán ir introduciendo todos los datos del proyecto. A medida que se vaya avanzando por cada uno de ellos se explicarán los aspectos considerados más relevantes para adquirir un conocimiento adecuado para la simulación térmica de edificios.

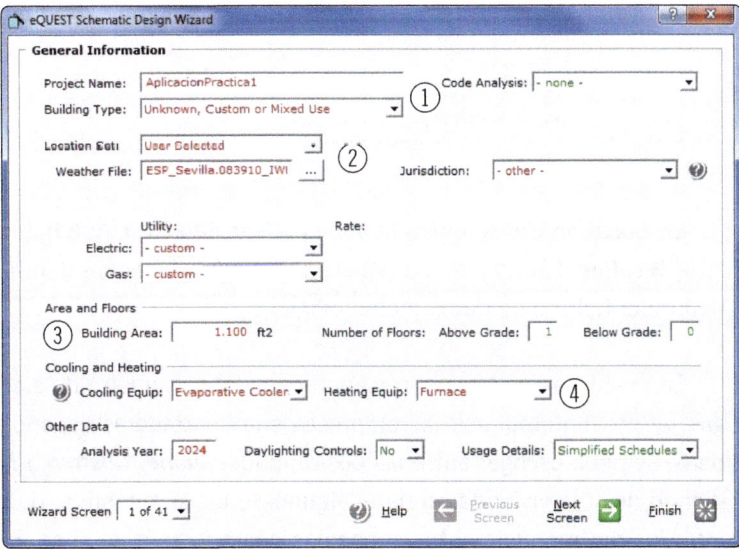

Primera ventana de introducción de datos

El primer panel mostrado en la imagen anterior tiene por objetivo la introducción de datos generales del proyecto. Se ha divido en cuatro subapartados.

En primer lugar (1) se introducirá el nombre del proyecto, *project name,* y el tipo de edificio, *building type.* Para la selección del tipo de edificio se tiene un menú desplegable con diversidad de opciones. De estas se debe elegir aquella que mejor se ajuste a los requisitos del edificio real.

Para esta aplicación práctica se ha elegido **Unknown, Custom or Mixed Use,** ya que en principio las otras opciones no se ajustan al edificio que se piensa simular.

Como ya se comentó con anterioridad, en el programa de simulación hay que añadir los datos climatológicos de la zona geográfica donde se encuentra el edificio. En este sentido, eQuest trae por defecto localizaciones de USA y Canadá, por ello, como el edificio a simular se encuentra en Sevilla, habrá que añadir al programa la información climatológica adecuada. Como se observa en la imagen, esta información es introducida en el programa por medio de las pestañas enmarcadas en el recuadro (2).

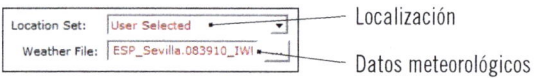

Datos de localización y archivo meteorológico

En **Location Set** se usará la opción **User Selected,** que habilita la pestaña **Weather File,** donde se deberá indicar la ubicación dentro del ordenador del fichero de datos meteorológicos.

En cuanto a los datos correspondientes al suministro de electricidad y gas, al no contemplarse las empresas suministradoras españolas y europeas, se debe escoger entre las posibilidades **None, Custom** o **File** dependiendo de si la vivienda no tiene alguno de los suministros, de si estos se introducirán manualmente en paneles posteriores o de si se introducirán los datos de suministro por medio de algún tipo de archivo.

La sección (3) de la imagen permite introducir en el *software* de simulación datos sobre el área del edificio y su número de plantas.

Hay que tener en cuenta que el área del edificio se introduce en pies cuadrados (ft^2), por lo tanto, habrá que hacer una conversión de metros cuadrados a pies cuadrados antes de introducir los datos.

 Sabía que...

Pies es una unidad de medida anglosajona utilizada para medir distancias y cuya equivalencia en metros es de:

$$1 \text{ ft} = 0.30480 \text{ m}$$

Y para pies cuadrados es de:

$$1 \text{ ft}^2 = 0.092903 \text{ m}^2$$

En el caso de esta aplicación práctica, se pretende simular una vivienda de 100 m², de forma que la superficie en pies que se va a introducir en el programa es de:

$$1m^2 = \frac{1}{0,092903}\, ft^2 \Rightarrow 100m^2 = \frac{100}{0,092903}\, ft^2 \Rightarrow 100m^2 = 1076,4 ft^2$$

Actividades

14. La superficie de la vivienda a simular es de 150 m², ¿cuál sería su superficie en pies cuadrados?

En cuanto al número de plantas del edificio a simular, *number of floors*, se establece que es de una única planta sobre el terreno, *above grade*; si se tuviera alguna planta subterránea, esta se indicaría en el campo para *below grade.*

En la siguiente sección de la pantalla (4) se debe indicar el tipo de equipo básico utilizado para la climatización de la vivienda. El equipamiento se divide en dos partes que harán referencia a las tecnologías usadas para refrigeración, *cooling equipment,* y para calefacción, *heating equipment.* El *software* de simulación ofrece un conjunto de diversas tecnologías predeterminadas.

Actividades

15. En la elección de las tecnologías de refrigeración que ofrece el programa informático de simulación eQuest se encuentran las siguientes: DX coils (sistema de refrigeración por expansión directa o seca), chilled water coils (sistema de refrigeración por agua) y evaporative coolers (sistema de refrigeración por evaporación). Buscar información en diversas fuentes, internet, libros, etc., sobre el funcionamiento de estos sistemas.

Para la simulación del edificio se ha elegido como sistema de refrigeración la tecnología de refrigeración por evaporador *evaporative coolers,* y como sistema de calefacción el de resistencia eléctrica *electric resistance.*

Por último, en esta ventana se incluirían otros datos que determinan el tipo de simulación, como el año sobre el que se basan los datos estadísticos tomados. Pulsando el botón *Next Screen* se pasa a la siguiente ventana de la interfaz para introducir los datos de la simulación.

En la siguiente ventana se pretenden introducir los datos de la estructura geométrica de la edificación.

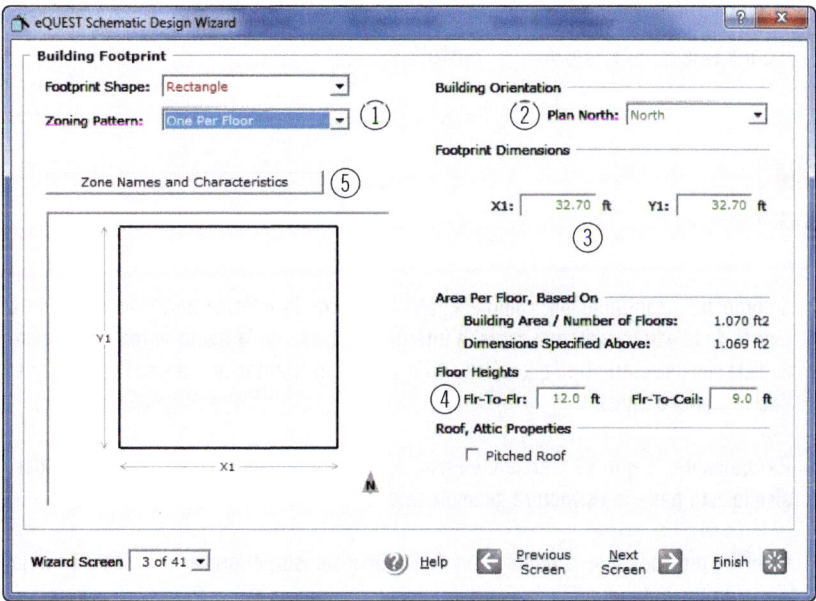

Ventana para la introduciión de la estructura geométrica de la edificación

En 1 se introducirían los datos de las formas de las plantas. En la simulación actual se ha elegido una forma rectangular *footprint shape* sin subdivisiones *zoning pattern* para la planta.

En 2 se selecciona la orientación de la edificación. La orientación elegida para esta simulación es **orientación norte.**

En 3 se establece la medida de la planta según el plano. Como escuadrada, la dimensión en *x* e *y* son iguales.

Para tener bien caracterizado el edificio será necesario conocer también la altura del techo. Este parámetro es indicado en la zona 4 de la ventana.

En el botón 5 se permite personalizar las zonas y sus características siempre y cuando se hayan seleccionado varias zonas para la planta.

Tras indicarle al *software* estos datos se pulsa el botón **Next Screen** para pasar a la siguiente pantalla.

Ejemplo

Se propone a continuación, como ejemplo del uso de la interfaz para especificar la geometría de la edificación, que sobre la interfaz mostrada en la figura anterior se genere un edificio con una estructura geométrica triangular, con orientación sur y en la que se puedan diferenciar dos zonas.

Básicamente, lo que se pretende en este ejemplo es modificar una parte del modelo-D, siendo esta parte la estructura geométrica de la edificación.

Como se pretende que la orientación del edificio sea sur, el primer paso será cambiar el *Building Orientation a South.*

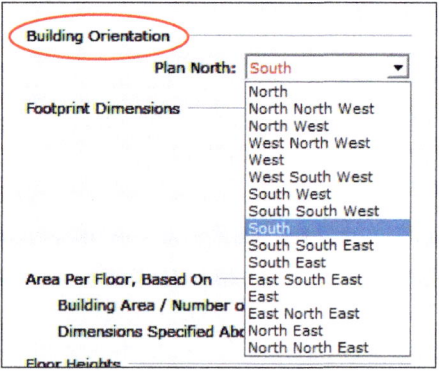

Modificación de la orientación

El siguiente paso será establecer la estructura geométrica del edificio. Este paso se hará de forma personalizada para crear una estructura de triángulo.

Así, en la zona **Footprint Shape** se selecciona la opción **Custom**, tras lo cual se muestra el siguiente panel.

Continúa en página siguiente >>

<< Viene de página anterior

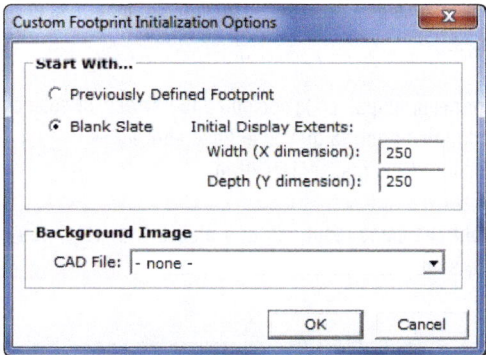

Panel de selección del tipo origen para la nueva geometría

Se selecciona la opción **Blank Slate,** la cual abrirá una pantalla de diseño para la estructura geométrica de la construcción en blanco.

Sobre esta nueva pantalla se dibuja el triángulo, el cual representa la planta del edificio objeto de la simulación.

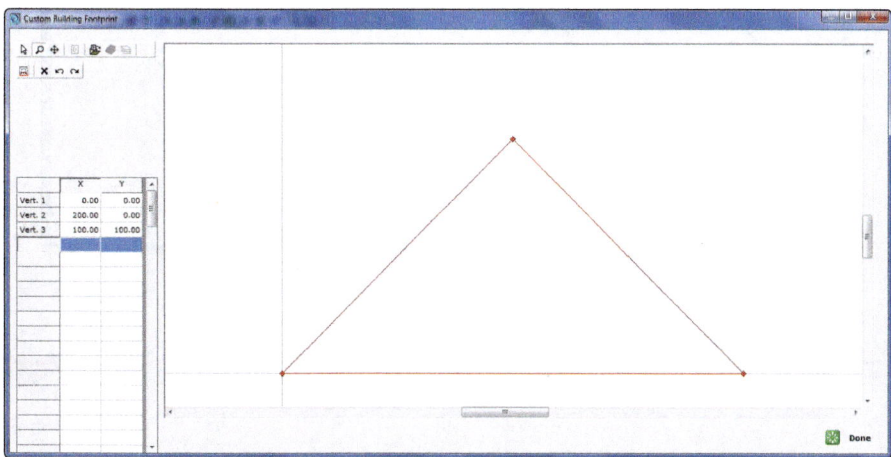

Pantalla para dibujo de estructura geométrica del edificio

Pulsando en el botón **Done** se le indica a la aplicación que ya se ha terminado con la representación gráfica para que vuelva al panel principal.

Continúa en página siguiente >>

<< Viene de página anterior

En el siguiente proceso de le dirá al *software* de simulación que la planta del edificio está dividida en dos zonas.

Para ello, desde el panel principal, en la opción **Zone Pattern,** se selecciona nuevamente la opción **Custom.** De la misma forma que en el paso anterior se llega a una pantalla donde se procede a dibujar las zonas que se necesitan.

Tras realizarlo, se obtiene como resultado una planta triangular con dos zonas como se muestra en la figura siguiente.

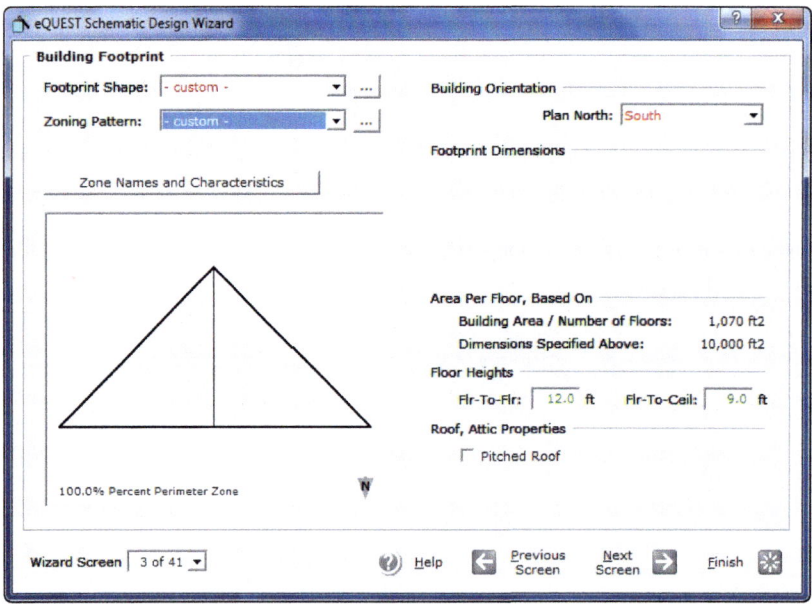

Resultado del diseño de la planta del edificio triangular con dos zonas

A lo largo de este texto se le ha dado gran importancia a la envolvente térmica del edificio. La siguiente pantalla tiene como objetivo introducir en el *software* de simulación térmica los datos de la envolvente.

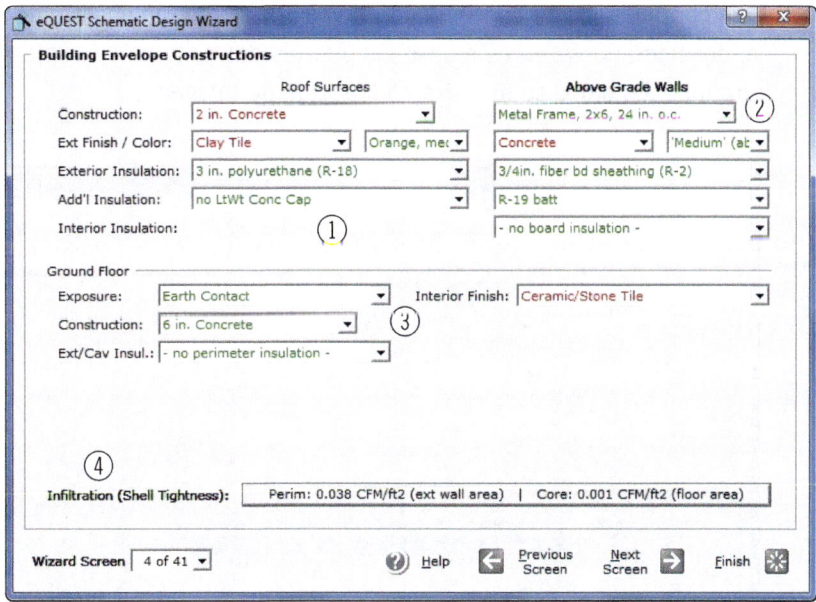

Datos de la envolvente de la vivienda

En esta ventana se introducirán los datos constructivos de la vivienda, de forma que en 1 se establecen los datos correspondientes al techo, en 2 los correspondientes a los muros, en 3 los correspondientes al suelo en contacto con el terreno y en 4 los relativos a la infiltración del aire.

En el caso de esta aplicación práctica, la edificación se ha construido con un techo de hormigón acabado en tejas naranjas con aislamiento de poliuretano R-18.

En cuanto a los muros, estos se apoyan en marcos de metal fabricados de hormigón con aislamiento de fibra de vidrio.

El suelo seleccionado está posado sobre el terreno, con una capa de hormigón de 6 pulgadas y acabado en suelo cerámico.

Una vez introducidos estos datos se pasa a la siguiente ventana, en la que se introducirán los datos del acabado interior.

A continuación se continúa con la descripción de la envolvente térmica, considerándose en este caso las puertas del edificio. La ventana para introducir los datos se muestra en la siguiente imagen.

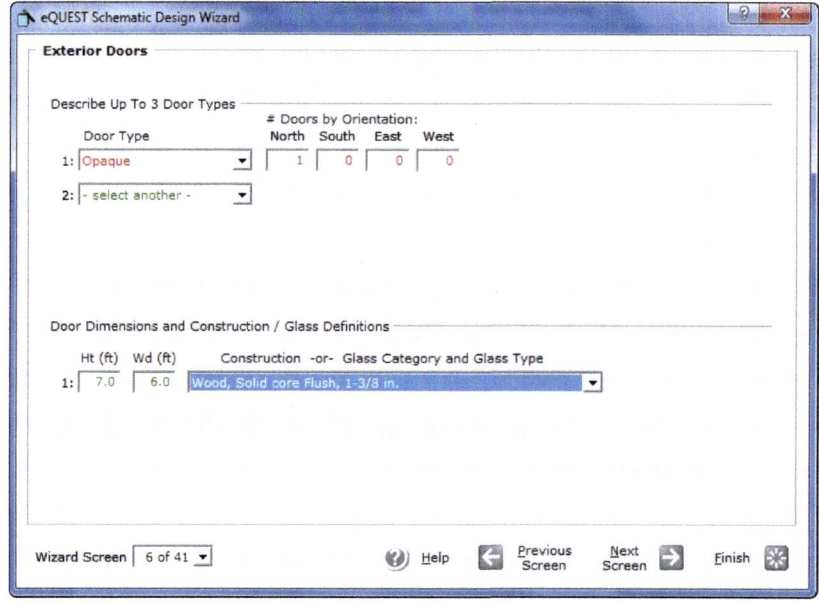

Panel para la introducción del tipo de puertas exteriores

En el modo simple, la aplicación permite introducir tres tipos de puertas *(doors)* distintos para cada edificación. Las puertas pueden ser de cristal (por ejemplo, las puertas de salida a un jardín por la parte trasera de la edificación), de diversas maderas o metálicas. Para la simulación que se va a llevar a cabo se ha establecido una única puerta de madera con orientación norte.

Además de establecer el tipo de puertas y la orientación, se le indica a la aplicación las dimensiones de estas puertas.

El siguiente paso será establecer las dimensiones y el material de las ventanas de la edificación, y para ello se cumplimenta el panel de la siguiente imagen.

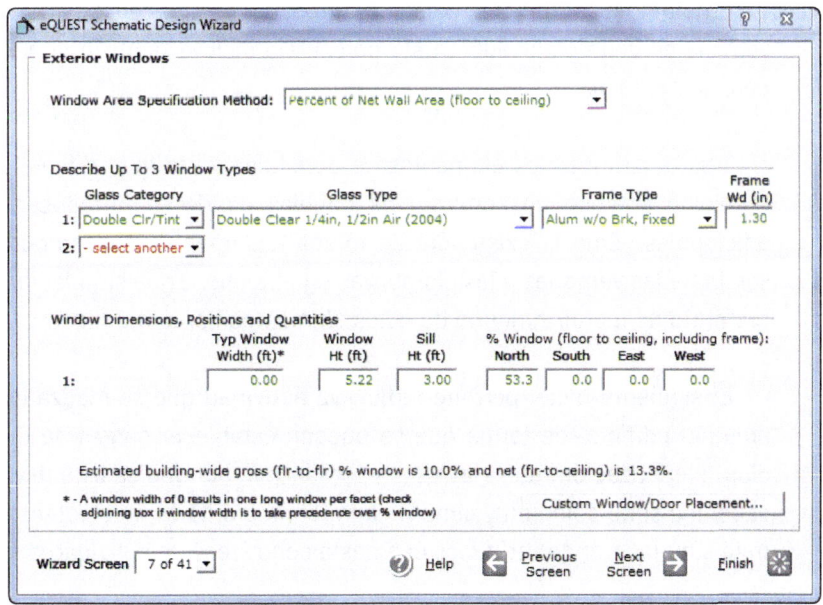

Panel para la introducción de ventanas

Dependiendo de la aplicación de simulación con la que se esté trabajando, se podrán tener varios métodos para incluir los datos correspondientes a las ventanas de la edificación.

Este *software* en cuestión permite introducir tres tipos distintos de ventanas para una misma edificación. Se debe tener en cuenta que no se introduce el número de ventanas, sino que se indica el porcentaje que estas ocupan con respecto a los muros que envuelven el edificio. Para ello, en el apartado **Window Area Specification Method,** se indica cómo se quiere que el programa realice la medida, para lo que permite dos métodos, un primero que es el que se ha escogido, el cual resulta ser más exacto que el segundo.

Tras indicarle a la aplicación el método de cálculo que se quiere utilizar, se le debe dar información sobre los materiales que constituyen las ventanas, tanto para el tipo de vidrio *(glass type)* usado en el acristalamiento como para el tipo de marco *(frame type).*

En último lugar, en este panel se introducen los porcentajes de área de ventana en cada orientación. Este porcentaje incluye también el área ocupada por el marco.

Tras determinar los elementos de acristalamiento del edificio, a continuación aparece un conjunto de paneles donde se introducen datos adicionales como la existencia de toldos y elementos que proporcionan sombra a las ventanas o las claraboyas en el techo. En la simulación se ha preferido no incluir ninguno de estos elementos por simplicidad.

El siguiente panel permite indicar la actividad que se realiza en cada área del edificio, de forma que se puedan establecer cargas de iluminación, climatización, etc. Hay que recordar que, aunque se está llevando a cabo una simulación muy simplificada, el programa es muy potente y permite simular grandes edificios con hasta ocho áreas de actividad distintas.

Es importante tener en cuenta las áreas de actividad, ya que serán determinantes para conocer las cargas para climatización, iluminación y ventilación. Dependiendo de la cantidad de ocupantes máxima para la que se destina una zona, así como el tipo y el número de equipos que vaya a albergar el edificio, tendrá distintos requisitos de consumo energético.

En el caso particular que se está considerando, toda el área se toma como vivienda familiar como se muestra en la siguiente imagen.

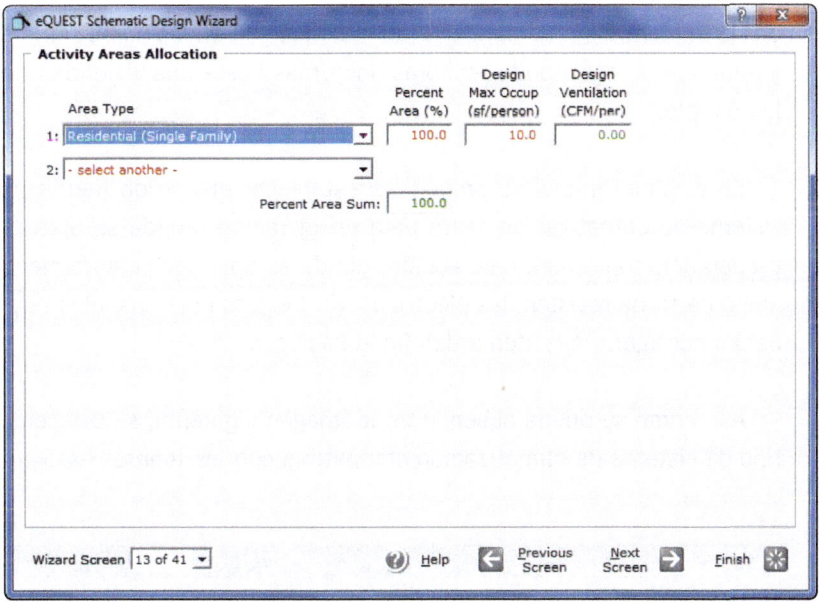

Panel de actividad de las diversas zonas de la edificación

Si en vez de una vivienda familiar, el edificio a simular estuviese destinado a oficinas con locales comerciales, se incluirían ambas zonas de actividad como se muestra en la imagen.

Area Type	Percent Area (%)	Design Max Occup (sf/person)	Design Ventilation (CFM/per)
1: Office (General)	70.0	80.0	20.00
2: Retail Sales and Wholesale Showroom	30.0	45.0	13.50
3: - select another -			
Percent Area Sum:	100.0		

Áreas de zonas de actividad destinadas a oficinas y locales comerciales

Relacionada con los datos de ocupación, a continuación se muestra una serie de paneles donde se le indicaría al *software* de simulación las cargas cuando el edificio está ocupado y desocupado, además de permitir la introducción de los datos de calendario de uso. De nuevo, hay que comentar que el programa admite la simulación de gran cantidad de edificios para muy diversos fines y con niveles de ocupación muy diferentes, desde un centro comercial con gran masificación en las horas comerciales y totalmente desocupado en horas nocturnas hasta una vivienda unifamiliar simple.

En el panel inicial se procedió a establecer el tipo de fuente para el sistema de climatización tanto para refrigeración, donde se optó por un evaporador, como para calefacción, donde se optó por calentamiento del aire a partir de resistencias eléctricas. En los siguientes paneles se procederá a configurar el sistema de climatización.

Así, como se puede observar en la imagen siguiente, se selecciona un tipo de sistema de climatización compatible con las fuentes escogidas.

Definición del sistema de climatización

En este punto se opta por un sistema de climatización por evaporador directo con calor eléctrico *Direct Evaporative Cooler with Elec Heat* y trayectoria de retorno del aire directa.

Sabía que...

Con las siglas HVAC se denominan a los sistemas de climatización. Su significado es heating, ventilation, and air conditioning, que en español sería calefacción, ventilación y aire acondicionado.

Tras elegir el tipo de sistema, se deberán establecer las temperaturas de consigna, es decir, las temperaturas a las que se quiere que permanezcan las diversas estancias de la edificación. Como se ha supuesto que el edificio a simular tiene una única estancia, solo se deberán fijar las temperaturas de esta.

En la siguiente imagen se muestra el panel para configurar estas temperaturas.

Introducción de datos de las temperaturas de consigna

Como se observa en el panel, y debido a las características del *software,* las temperaturas se proporcionan en grados Fahrenheit.

Nota

La conversión de grados Fahrenheit a grados centígrados se realiza por medio de la fórmula:

$$° C = \frac{° F - 32}{1,8}$$

Así, una temperatura de 65 ºF es equivalente a 18,3 ºC:

$$\frac{65 - 32}{1,8} = 18,3 \text{ ºC}$$

Recuerde

16. Determinar el valor en grados centígrados de las temperaturas que aparecen en el panel mostrado en la imagen anterior.

Una vez se han seleccionado las temperaturas de consigna y otras características de la instalación de climatización, se deberá configurar el resto de instalaciones de la vivienda que afectan al consumo energético. Entre estas se encuentran el agua sanitaria caliente, la iluminación, etc.

Con respecto al agua sanitaria caliente, el panel que permite establecer su configuración es el mostrado a continuación.

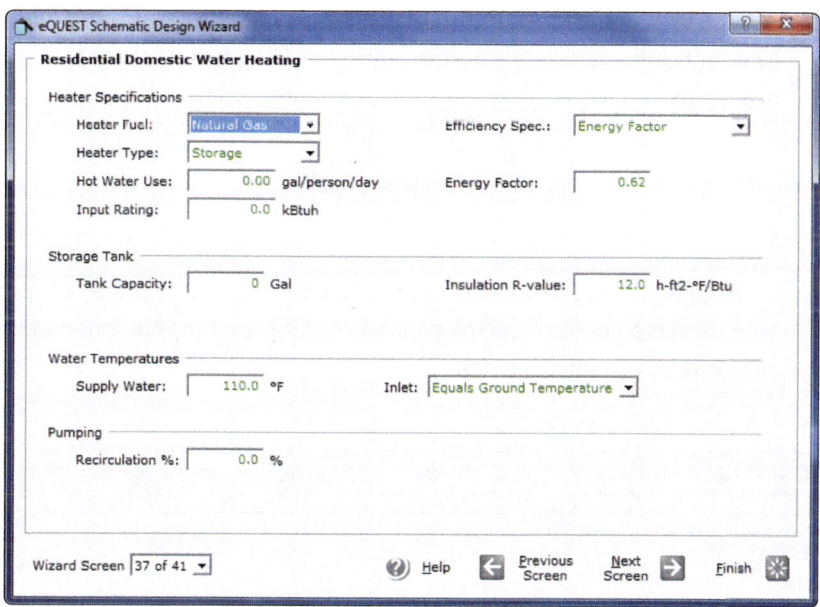

Panel de configuración del agua caliente sanitaria

Como se puede observar, este panel permite configurar diversas opciones sobre la forma en la que el agua sanitaria se calienta, de modo que en la simulación se pueda incluir el consumo energético que esta reporta al balance total.

Existen diversos sistemas de calentamiento de agua. Dependiendo del combustible utilizado *(heater fuel)* para calentarla, este *software* de simulación admite dos posibles alternativas: por gas natural o eléctrico.

Además, el agua caliente puede ser almacenada en algún depósito para después ser suministrada, o puede ser calentada en el momento del suministro de forma instantánea, característica que también debe ser indicada a la aplicación *(heater type)*.

Es importante también indicarle al programa la cantidad de agua requerida *(hot water use),* así como la capacidad del tanque que almacena el agua, si existe o no recirculación, etc.

Una vez finalizada la introducción de los datos, se pulsa el botón **Finalizar,** entrando así en la interfaz gráfica que permite un manejo de datos más visual.

Seguidamente, se muestran las opciones del menú principal que permite moverse por los diversos elementos del proyecto, pudiendo modificar ciertos datos ya introducidos.

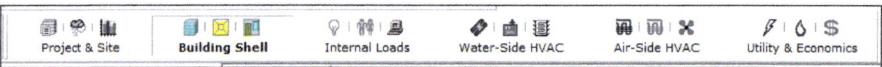

Barra de herramientas

En la primera pestaña, se abre la opción para el manejo de la estructura de la construcción, datos geométricos, orientación, etc.

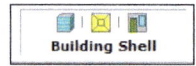

A continuación se muestra la planta de la edificación que se ha seleccionado para la simulación.

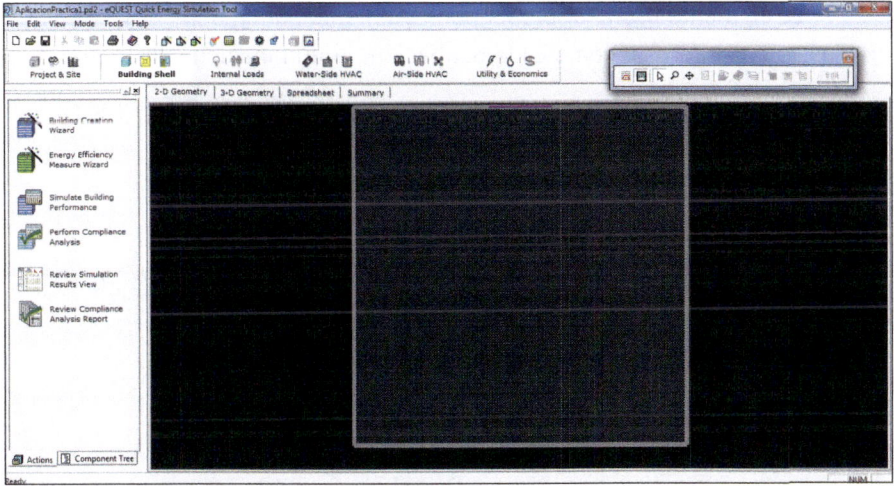

Interfaz gráfica eQuest. Planta de la vivienda

La interfaz permite además obtener una vista 3D de la construcción como se muestra a continuación.

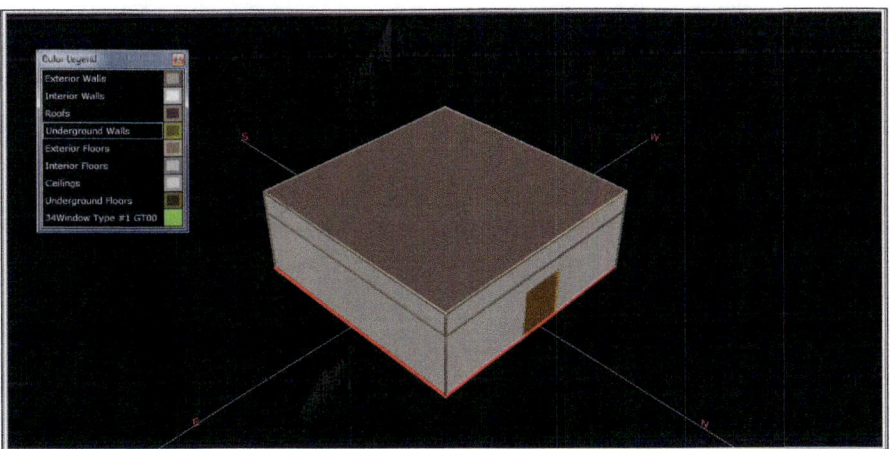

Imagen 3D

Entre los datos a modificar permite variar las cargas internas, los sistemas de climatización, etc.

La siguiente pestaña, proporciona un medio para modificar y visualizar las cargas internas, como es la ocupación, la iluminación y los equipos.

En las siguientes dos pestañas se controlan los sistemas de climatización de la edificación.

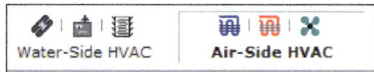

En el caso que se ha supuesto, el equipo de climatización consta de una unidad para calentamiento del ambiente interior por medio de resistencias eléctricas y para refrigeración por medio de un sistema de evaporación, como se muestra en la siguiente imagen.

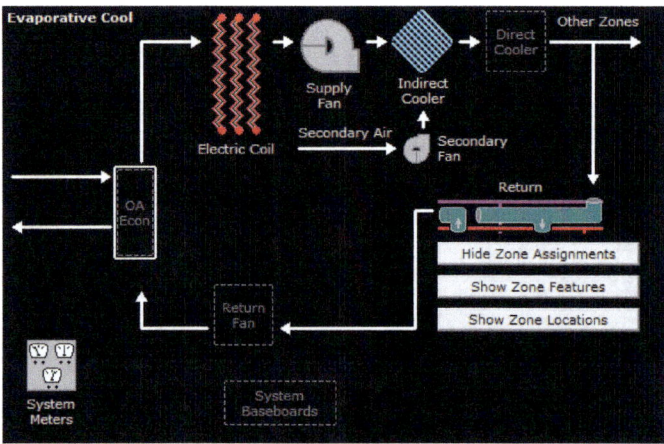

Esquema del equipo de climatización

La última pestaña permite introducir datos del uso, así como datos económicos, para el cálculo de costes reales del uso de una u otra opción en una edificación concreta.

Después de fijar los datos de los distintos elementos de la edificación que se quieren simular se ejecuta la simulación por medio del siguiente botón.

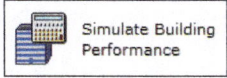

Como ya se ha comentado en un apartado anterior, los programas de simulación energética de edificios permiten obtener tanto los balances energéticos como los costos monetarios de estos.

A continuación se muestran algunos de los resultados obtenidos para la simulación realizada, resultados que deberán coincidir con los del lector.

Como se puede observar, para la demanda eléctrica se obtienen tanto datos gráficos como numéricos

El consumo eléctrico mensual en kWh se observa en las dos imágenes siguientes.

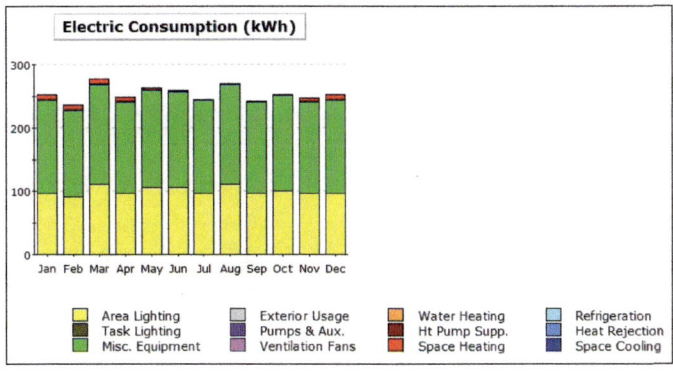

Gráfica del consumo medio anual

Electric Consumption (kWh)

	Jan	Feb	Mar	Apr	May	Jun	Jul	Aug	Sep	Oct	Nov	Dec	Total
Space Cool	-	-	-	-	0.0	0.3	0.3	0.3	0.3	0.1	-	-	1.3
Heat Reject.	-	-	-	-	-	-	-	-	-	-	-	-	-
Refrigeration	-	-	-	-	-	-	-	-	-	-	-	-	-
Space Heat	7.6	7.2	8.1	6.6	2.4	-	-	-	-	0.0	5.8	7.6	45.4
HP Supp.	-	-	-	-	-	-	-	-	-	-	-	-	-
Hot Water	-	-	-	-	-	-	-	-	-	-	-	-	-
Vent. Fans	1.6	1.5	1.7	1.4	0.5	1.3	1.5	1.8	1.4	0.5	1.2	1.6	16.2
Pumps & Aux.	-	-	-	-	-	-	-	-	-	-	-	-	-
Ext. Usage	-	-	-	-	-	-	-	-	-	-	-	-	-
Misc. Equip.	146.9	135.9	157.0	144.4	153.7	151.1	146.9	157.0	144.4	150.3	144.4	146.9	1.778.8
Task Lights	-	-	-	-	-	-	-	-	-	-	-	-	-
Area Lights	96.2	91.4	110.7	96.2	105.9	105.9	96.2	110.7	96.2	101.0	96.2	96.2	1.203.0
Total	252.4	236.1	277.5	248.5	262.4	258.5	244.9	269.8	242.3	252.0	247.7	252.4	3.044.6

Tabla de consumo mensual en KWh

En esta gráfica se puede observar cómo los consumos pico debidos a la iluminación en amarillo y a la de los equipos mixtos son los que más influencia tiene sobre el espacio total. En cuanto al calentamiento del edificio y su refrigeración, tiene poco efecto.

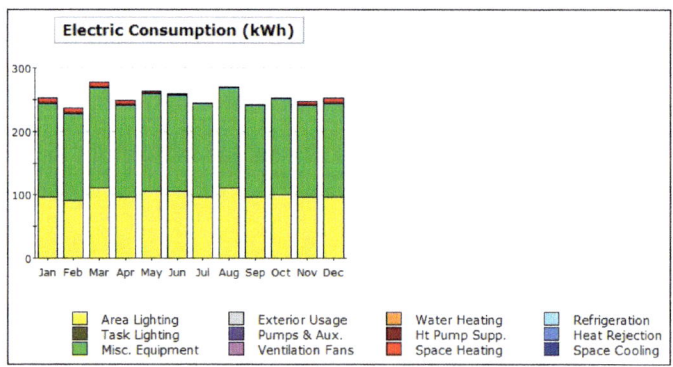

Gráfico de demanda eléctrica en kW mensual

Electric Demand (kW)

	Jan	Feb	Mar	Apr	May	Jun	Jul	Aug	Sep	Oct	Nov	Dec	Total
Space Cool	-	-	-	-	-	0.00	0.00	0.00	0.00	-	-	-	0.01
Heat Reject.	-	-	-	-	-	-	-	-	-	-	-	-	-
Refrigeration	-	-	-	-	-	-	-	-	-	-	-	-	-
Space Heat	0.04	0.04	0.04	0.04	0.03	-	-	-	-	0.03	0.04	0.04	0.28
HP Supp.	-	-	-	-	-	-	-	-	-	-	-	-	-
Hot Water	-	-	-	-	-	-	-	-	-	-	-	-	-
Vent. Fans	0.01	0.01	0.01	0.01	0.01	0.01	0.01	0.01	0.01	0.01	0.01	0.01	0.09
Pumps & Aux.	-	-	-	-	-	-	-	-	-	-	-	-	-
Ext. Usage	-	-	-	-	-	-	-	-	-	-	-	-	-
Misc. Equip.	0.48	0.48	0.48	0.48	0.48	0.48	0.48	0.48	0.48	0.48	0.48	0.48	5.77
Task Lights	-	-	-	-	-	-	-	-	-	-	-	-	-
Area Lights	0.48	0.48	0.48	0.48	0.48	0.48	0.48	0.48	0.48	0.48	0.48	0.48	5.77
Total	1.00	1.00	1.01	1.01	1.00	0.97	0.97	0.97	0.97	1.00	1.00	1.00	11.92

Tabla de demanda energética en kW mensual

Tras finalizar esta aplicación práctica se pueden concretar los siguientes pasos que intervienen en la simulación de un edifico:

▮ Introducción de información al sistema:

▮ Información general:

- Ubicación de la edificación.
- Datos meteorológicos según ubicación.
- Orientación.

▮ Estructura geométrica:

- Geometría del edificio.
- Número de estancias.
- Geometría de las estancias.

▮ Datos de la envolvente:

- Techo, muros y suelos.
- Huecos: ventanas y puertas exteriores.
- Claraboyas y lucernarios.

▮ Actividad o actividades a las que se enfoca el edificio:

- Función del edificio completo.
- Función de las estancias del edificio.

▮ Configuración del sistema de climatización:

- Determinación de sistemas de equipos y sistemas de climatización.
- Temperaturas de consigna.

▮ Agua caliente sanitaria.
▮ Equipos eléctricos.

▮ Realización de la simulación.

▮ Obtención de resultados.

Otros datos que proporciona el *software* se muestran en las siguientes imágenes.

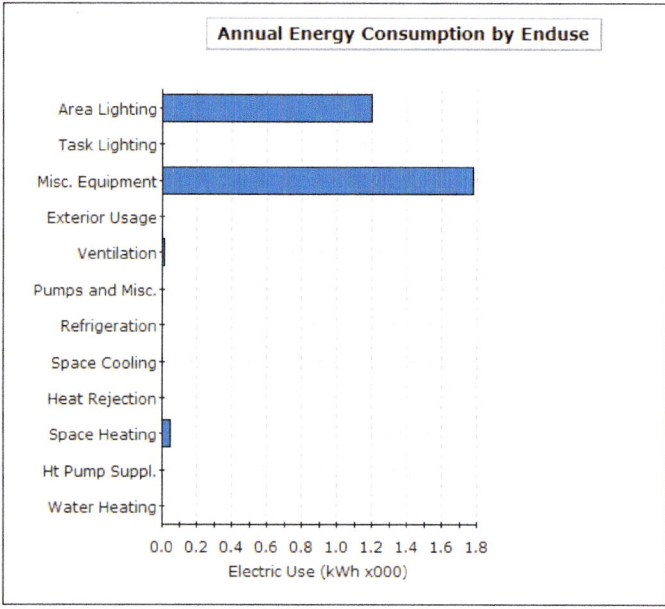

Consumo de energía por uso final anual

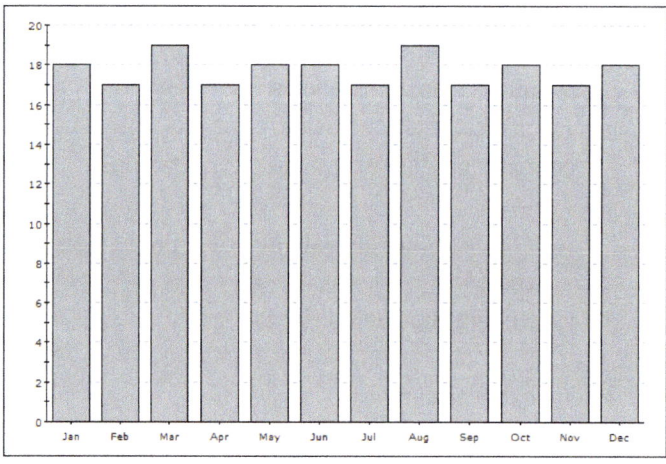

Coste en euros debido al consumo eléctrico

6.1. Breve resumen del proceso de recopilación de datos

Como se ha podido observar, a la hora de realizar la simulación de un edificio es necesario realizar la recopilación de gran cantidad de información del edificio que se pretende estudiar. Debido a la importancia que tiene la recopilación de estos datos, a continuación se expondrá un breve resumen del proceso.

La primera información a obtener para poder llevar a cabo la simulación de la edificación es su ubicación geográfica.

Suponiendo la edificación ficticia que se ha utilizado de patrón, está situada en España, en la provincia de Sevilla. Según la ubicación se deben obtener los datos climatológicos. Ya se comentó que en la página web de la aplicación de simulación EnergyPlus existe una base de datos de ficheros climatológicos que cubre un amplio número de localidades del mundo, entre las que se encuentran las provincias de España. De su base de datos se obtiene el archivo correspondiente a la localidad de estudio.

En cuanto a la orientación del edificio, esta se toma con respecto al norte geográfico y para la fachada principal. Su medida puede encontrarse en el plano de la edificación o, si no, habrá que realizarla por medio de las herramientas adecuadas.

En el caso del edificio ficticio, la orientación de la fachada principal es de 120° con respecto al Norte, lo que se corresponderá con una orientación sureste según la figura.

Orientación de la edificación

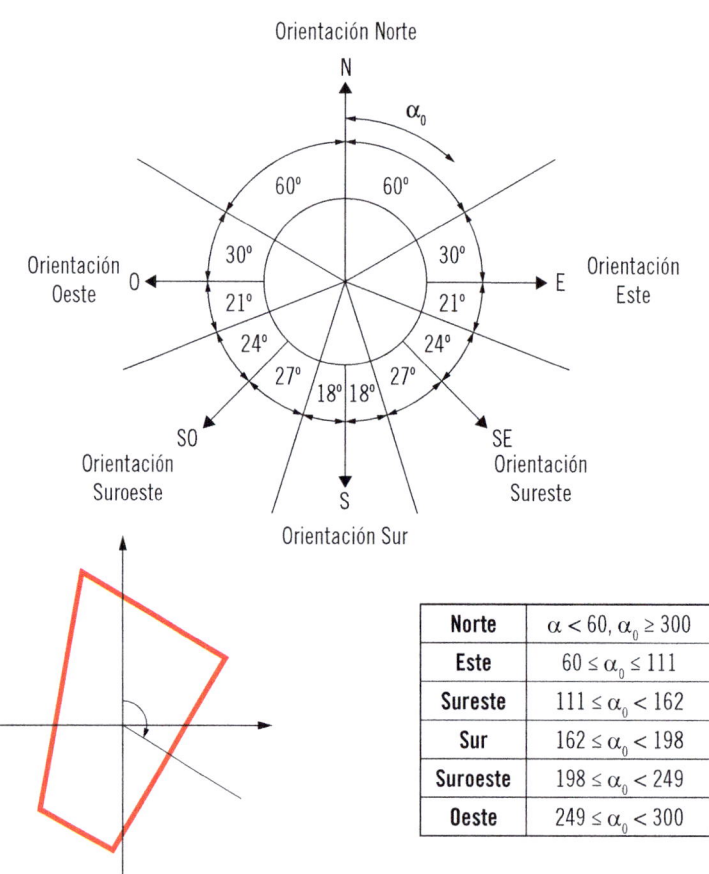

Norte	$\alpha < 60, \alpha_0 \geq 300$
Este	$60 \leq \alpha_0 \leq 111$
Sureste	$111 \leq \alpha_0 < 162$
Sur	$162 \leq \alpha_0 < 198$
Suroeste	$198 \leq \alpha_0 < 249$
Oeste	$249 \leq \alpha_0 < 300$

La siguiente información es la descripción geométrica del edificio así como su distribución interna.

En este punto hay que recopilar información de las dimensiones tanto del cerramiento principal como de las distintas estancias de la edificación. Estos datos se encuentran en los planos de la edificación. En caso de no tener estos planos será necesario realizar las medidas pertinentes.

En el edificio ficticio, la estructura geométrica viene definida en su plano de planta. Este edificio es una vivienda unifamiliar con la forma mostrada en la figura.

Planta de la edificación ficticia

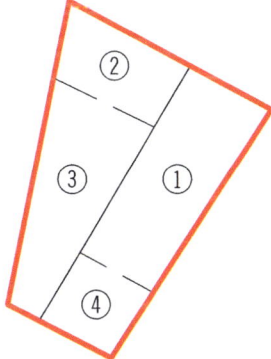

En el caso del edificio ficticio, la superficie total es de 120 m², y consta de cuatro estancias con las siguientes dimensiones:

- La estancia 1 tiene 40 m².
- La estancia 2 tiene 22 m².
- La estancia 3 tiene 38 m².
- La estancia 4 tiene 20 m².

En este punto también habrá que determinar la superficie de acristalamiento, los huecos de la edificación así como su posición.

El siguiente paso será determinar los datos de la envolvente del edificio. Estos datos deben constar en el documento de calidades donde se especifican los materiales utilizados para el cerramiento principal, tabiques, techos, etc.

Para el edificio ficticio, a modo resumido, estas son:

- **Estructura:** hormigón armado.
- **Muro de fachadas exteriores:** fachada de ladrillo cara vista, con cámara con aislamiento térmico de fibra de vidrio.
- **Techo o cubierta:** cubierta de teja roja.
- **Sistema de acristalamiento:** ventanas de doble vidrio con marco de aluminio, con rotura de puente térmico a partir de varillas de poliamida.
- **Suelos:** parqué flotante estratificado sobre hormigón.

El conocer los materiales constructivos permite a los programas de simulación saber los parámetros térmicos como resistencia térmica, factor U, etc., que deberán aplicarse a cada zona del edificio. Por lo general, los materiales están estandarizados. Cuando no sea así, habrá que determinar cuáles son las propiedades térmicas del material utilizado.

A continuación se determina la actividad del edificio. El uso del edificio y de sus estancias será fundamental para conocer cómo deberán climatizarse los diversos ambientes para llegar a un bienestar térmico adecuado.

En el caso que se está viendo, el edificio es una vivienda unifamiliar y destinada a uso residencial.

Un punto de suma importancia es la determinación de la configuración del sistema de climatización. Este está íntimamente relacionado con el uso de las diversas estancias del edificio.

En el caso del edificio ficticio, las zonas 1, 2 y 3 son climatizadas por medio de *splits* con bomba de calor para la temporada de invierno y aire acondicionado en verano. La estancia 4, que podría ser el servicio, no requiere climatización.

La temperatura de consigna será de 22 ºC tanto en invierno como en verano.

En cuanto al agua caliente sanitaria, el sistema utilizado es un termo de gas natural.

Por último, habrá que enumerar los equipos eléctricos que se utilicen en el edificio en estudio. Entre estos equipos están los electrodomésticos, los equipos informáticos, los equipos de ocio, etc. Es necesario conocer la potencia de estos equipos para hacer una estimación del consumo eléctrico que estos conllevan así como su aportación al balance térmico.

7. Resumen

En este tema se han introducido los conceptos más importantes para la correcta simulación de edificios.

En primer lugar se ha realizado un análisis de los elementos que constituyen la edificación y de cómo intervienen en el balance energético.

De esta mantera, se ha visto la importancia de la envolvente térmica de este o el cerramiento. Los materiales constructivos de esta son de gran importancia debido a dos parámetros fundamentales: la resistencia térmica como propiedad que indica la capacidad de un material para transmitir la energía térmica y la capacidad de almacenar energía, que será de suma importancia para el análisis del comportamiento dinámico frente a cambios ambientales.

Por otro lado, y en relación con el cerramiento, se ha examinado también la importancia de los sistemas de acristalamiento, elementos que pueden constituir un aspecto importante en el balance energético de la edificación debido principalmente a su propiedad de dejar pasar la radiación solar incidente. Esto conlleva un análisis detallado de sus elementos, desde el vidrio hasta el marco, que componen el sistema de acristalamiento.

El estudio de la dinámica del edificio desde el punto de vista térmico también ha sido tratado de forma resumida debido a su gran complejidad.

Por último, desde el punto de vista teórico se han extraído las ecuaciones principales que comportan el análisis y la simulación de los procesos de transferencia de energía térmica en los edificios.

En cuanto al objetivo principal del capítulo, las aplicaciones *hardware* para la simulación energética de edificios, se ha realizado un estudio donde se establecen las características generales de estos, así como los datos de entrada y salida que necesitan. El desarrollo se ha llevado a cabo en base a dos paquetes de *software* de uso internacional, como son eQuest y EnergyPlus. Debido a su complejidad, la intención ha sido establecer las bases de la forma de operar de estas aplicaciones.

Ejercicios de repaso y autoevaluación

1. ¿Cuál de las siguientes opciones no es una forma de transferencia de energía térmica?

   a. Convección.
   b. Consecución
   c. Conducción.
   d. Radiación.

2. Defina qué se entiende por "masa térmica del edificio".

   _____
   _____

3. La resistencia térmica es:

   a. Una propiedad que indica la capacidad que tiene un material para oponerse al paso de energía térmica.
   b. Una propiedad que indica la capacidad que tiene un material para oponerse al paso de energía eléctrica.
   c. Una propiedad que indica la capacidad que tiene un material para almacenar energía térmica.
   d. Todas las opciones son incorrectas.

4. Indique si las siguientes afirmaciones son verdaderas o falsas.

   a. A mayor masa térmica, mayor capacidad de almacenar energía térmica.

      ☐ Verdadero
      ☐ Falso

   b. Al disminuir la resistencia térmica de un edificio aumenta su masa térmica.

      ☐ Verdadero
      ☐ Falso

c. En los sistemas de acristalamiento, la transferencia de energía se realiza únicamente por radiación.

☐ Verdadero
☐ Falso

5. **Indique sobre cada flecha a qué proceso de los que se producen en la radiación al incidir sobre el vidrio de un sistema de acristalamiento se corresponde.**

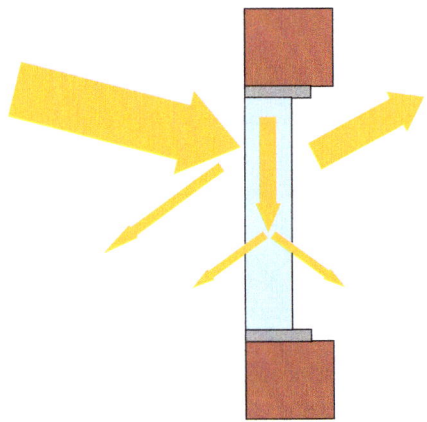

6. **¿Cómo se denominan las dos aplicaciones _software_ de simulación energética de edificios que han sido tratadas en el texto?**

_____
_____

7. **Un archivo BDL es:**

a. Un archivo donde se almacenan las características del material constructivo.
b. Un archivo que representa el modelo de definición de la edificación.
c. Un archivo de datos meteorológicos.
d. Todas las opciones son incorrectas.

8. Si la conductividad térmica de la madera es de 0,13 W/m·K, ¿cuál será la resistencia térmica que presenta un muro de madera de 0,08 m de espesor?

_____

_____

9. Defina qué se entiende por factor U.

_____

_____

_____

_____

10. Un puente térmico es:

    a. Un elemento del cerramiento de un edificio que permite unir dos partes del edificio.
    b. Un elemento del cerramiento de un edificio de baja resistencia térmica.
    c. Un elemento del cerramiento de un edificio donde se fija el sistema de acristalamiento.
    d. Todas las opciones son incorrectas.

11. ¿Qué se entiende por modelo-D en un programa de simulación energética de edificios?

_____

_____

_____

_____

12. ¿Cuál de los siguientes no es un tipo de datos de entrada para el programa eQuest?

    a. Descripción de la edificación.
    b. Datos meteorológicos.
    c. Datos de control.
    d. Librerías.

13. Indique si las siguientes afirmaciones son verdaderas o falsas.

    a. EnergyPlus presenta interfaz gráfica de entrada de datos amigable.

        ☐ Verdadero
        ☐ Falso

    b. EnergyPlus permite la entrada de datos meteorológicos de ciudades de España.

        ☐ Verdadero
        ☐ Falso

    c. EnergyPlus presenta los resultados de forma gráfica.

        ☐ Verdadero
        ☐ Falso

14. Una con flechas las imágenes al elemento asociado.

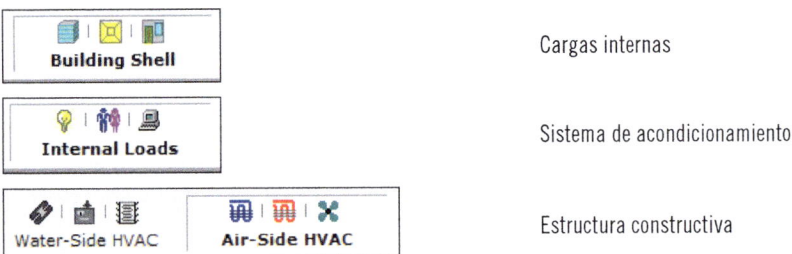

Cargas internas

Sistema de acondicionamiento

Estructura constructiva

Capítulo 2

Cálculo de la limitación de la demanda energética mediante programas informáticos

Contenido

1. Introducción

En el capítulo anterior se trató de dar una introducción teórica-práctica a la simulación de los procesos energéticos que se producen en los edificios.

El objetivo general de estos programas es disminuir en la mayor medida posible el consumo energético de los edificios, de forma que se vea reducido también el estrés medioambiental existente en la actualidad.

Partiendo de esta base, los gobiernos de diversos países han propuesto un conjunto de medidas para la limitación de la demanda energética de los edificios de nueva construcción. En lo que respecta a la legislación española, estas medidas quedan claramente expuestas en el Código Técnico de la Edificación (CTE), en el documento básico HE 1, Limitación de demanda energética, donde dice:

> Los edificios dispondrán de una envolvente de características tales que limite adecuadamente la demanda energética necesaria para alcanzar el bienestar térmico en función del clima de la localidad, del uso del edificio y del régimen de verano y de invierno, así como por sus características de aislamiento e inercia, permeabilidad al aire y exposición a la radiación solar, reduciendo el riesgo de aparición de humedades de condensación superficiales e intersticiales que puedan perjudicar sus características y tratando adecuadamente los puentes térmicos para limitar las pérdidas o ganancias de calor y evitar problemas higrotérmicos en los mismos.

Para facilitar el cumplimiento de la normativa, se han implementado diversas aplicaciones *software* para el cálculo de la demanda energética de los edificios, siendo la Herramienta Unificada LIDER/CALENER (HULC) el paquete *software* principalmente reconocido por el Ministerio de Industria, Energía y Turismo para llevar a cabo los diversos cálculos en España.

La Herramienta Unificada LIDER/CALENER (HULC) es un *software* libre y por lo tanto de uso gratuito, descargable desde la página web del Código Técnico de la Edificación (www.codigotecnico.org).

Por ello, este capítulo se va a enfocar a proporcionar al lector las herramientas necesarias para el uso fluido de dicha aplicación.

2. Creación y descripción de un proyecto

Como se ha comentado en la introducción, para el cálculo de la limitación de la demanda energética de un edificio se va a trabajar con la Herramienta Unificada LIDER/CALENER (HULC).

Para poder organizar el trabajo desarrollado en el ámbito de la certificación energética de viviendas, siendo una de sus partes la limitación de la demanda energética, este debe ser separado en proyectos que cubrirán todos aquellos pasos necesarios para los cálculos de un determinado edificio.

La Herramienta Unificada LIDER/CALENER (HULC), como otras aplicaciones *software,* se distribuye en proyectos, correspondiéndose cada uno a los cálculos de la limitación de la demanda energética de un edificio concreto.

LIDER, como otras aplicaciones *software,* se distribuye en proyectos, correspondiéndose cada uno a los cálculos de la limitación de la demanda energética de un edificio concreto.

De esta forma, al ejecutar la aplicación, el primer paso será crear o abrir un determinado proyecto.

Nuevo proyecto

Abrir proyecto

Botones para crear un nuevo proyecto o abrir un proyecto existente

En este capítulo se va a tratar en detalle cómo se crea un nuevo proyecto, describiendo la información necesaria para el correcto cálculo de la demanda energética del edificio.

Para comenzar un nuevo proyecto se hace clic sobre **Nuevo,** de forma que la aplicación abre una nueva ventana correspondiente a la descripción del proyecto.

Esta ventana está dividida en varias pestañas donde se introducirá tanto la información del proyecto en sí como la información básica sobre el edificio.

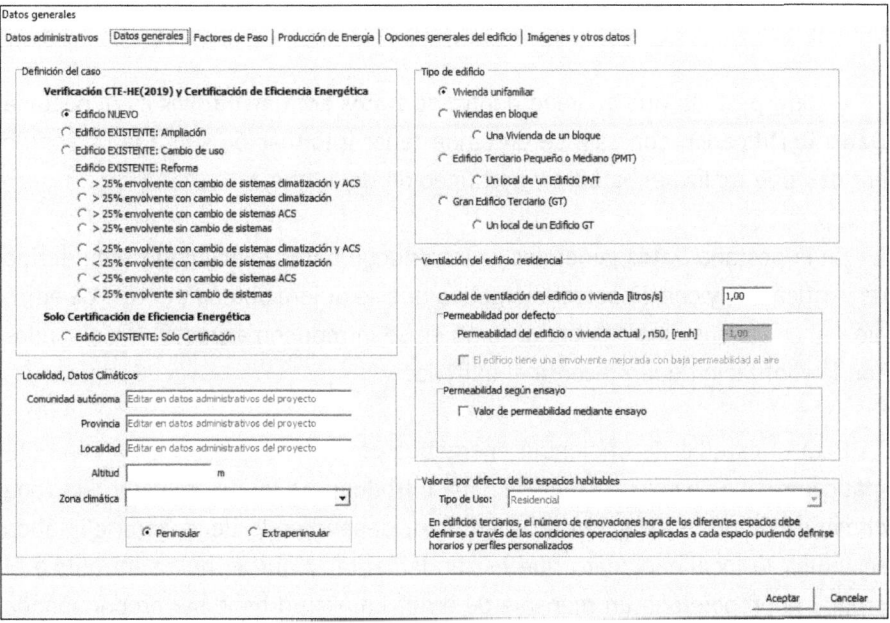

Descripción del proyecto

A continuación se va a analizar de forma detallada qué información se requiere en las distintas pestañas que aparecen a la hora de crear un nuevo proyecto.

Es importante comentar que gran parte de la información necesaria deberá haber sido examinada con antelación en base al edificio a estudiar.

En primer lugar se encuentra la pestaña **Datos Administrativos.** Esta a su vez tiene dos pestañas, la primera **Datos del proyecto,** permite introducir datos básicos. Así, en sus campos se incluirá el nombre del proyecto así como la información básica de la localización del edificio que se pretende analizar, siendo los datos obligatorios: la comunidad autónoma, la provincia y la localidad.

Además en esta pestaña se puede introducir la referencia normativa que aplique al edificio en estudio.

Otro dato que se podría introducir si es necesario, es la referencia catastral del edificio.

La otra pestaña que aparece dentro de **Datos administrativos** es la pestaña **Datos Certificador,** con esta se pretende tener información sobre la persona o entidad que realiza el estudio y certificación del edificio.

En la pestaña **Datos generales** se introducen datos relacionados con el tipo de verificación y certificación energética que se quiere obtener, el tipo de edificio y el uso al que está enfocado. También se introducen aspectos relacionados con la ventilación que presenta el edificio.

Para el estudio de eficiencia energética es necesario conocer la zona climática por ello en esta pestaña se debe introducir de forma obligatoria la zona climática, donde se encuentra el edificio; dependiendo de la zona climática se indica la localidad, dato que es fundamental y que si no se introduce el programa proporciona un mensaje de error. La altitud debe ser proporcionada para localidades que no son capital de provincia, de forma que el programa pueda determinar la subzona a la que pertenece dentro de una zona concreta.

 Actividades

1. Las zonas climáticas a las que corresponden las capitales de provincia, así como los métodos de cálculo del resto de capitales, se establecen en el documento básico HE del CTE (Código Técnico de la Edificación). Examinar el Anejo B, donde se indican las diversas zonas climáticas, y realizar una tabla-resumen donde se agrupen por cada zona climática las provincias que correspondan.

Definición

Sector terciario
Sector industrial que tiene como objetivo ofrecer productos o servicios a usuarios finales. Entre ellos se encuentra la hostelería, el comercio, el ocio, la cultura, etc. Así, por ejemplo, se engloban los centros comerciales, los cines, los hoteles, etc.

En la pestaña **Factores de Paso** se proporciona una indicación de los factores de paso de energía final. Además si existe en el edificio algún tipo de generación de energía para autoconsumo con posibilidad de verter energía a la red debe ser indicado aquí en el apartado *Factores de paso* de volcado a la red.

Factores de paso de Energía Final			
Energético	a Energía Primaria Total [kWhEP/kWhEF]	a Energía Primaria No Renovable [kWhEPNR/kWhEF]	a Emisiones de CO2 [kgCO2/kWhEF]
Electricidad	2,368	1,954	0,331
Gasoleo calefaccion / Fuel-oil	1,182	1,179	0,311
GLP	1,204	1,201	0,254
Gas Natural	1,195	1,190	0,252
Carbon	1,084	1,082	0,472
Biomasa no densificada	1,037	0,034	0,018
Biomasa densificada (pelets)	1,113	0,085	0,018
RED1	1,000	1,000	1,000
RED2	1,000	1,000	1,000

Factores de paso de volcado a red			
	a Energía Primaria Total [kWhEP/kWhEF]	a Energía Primaria No Renovable [kWhEPNR/kWhEF]	a Emisiones de CO2 [kgCO2/kWhEF]
Electricidad (cogeneración)	12,000	2,500	0,300

Factores de paso

En la pestaña **Producción de energía** se introducen datos relacionados con la producción de energías renovables que se pueda encontrar en el edificio.

Esta pestaña proporciona campos para indicar la producción de energía fotovoltaica de autoconsumo así como la producción de energía solar térmica enfocada a su uso en ASC.

La pestaña **opciones generales del edificio** permite introducir, datos sobre el periodo de aplicación de elementos de sobre en huecos, la ventilación nocturna de edificios de viviendas en verano y los sistemas de sustitución disponibles.

La última pestaña que nos muestra el *software* al iniciarlo **Imágenes y otros datos** permite introducir información adicional sobre el edificio que puede ser de interés a la hora de la certificación energética de este.

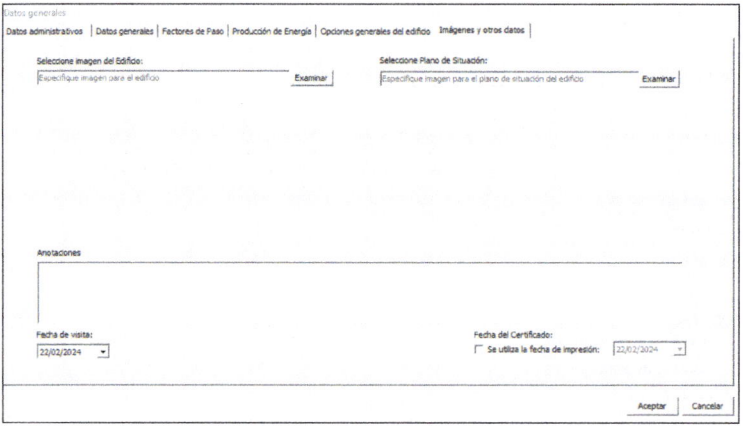

Aplicación práctica

Se pretende calcular la limitación de la demanda energética a partir de la Herramienta Unificada LIDER/CALENER (HULC) en una vivienda unifamiliar. El edificio es de nueva construcción y está situado en la Comunidad Autónoma de Andalucía, en la ciudad de Almería. ¿Qué datos habrá que incluir en la pestaña de Datos generales de la aplicación?

Continúa en página siguiente >>

<< Viene de página anterior

Plano de la planta de la vivienda

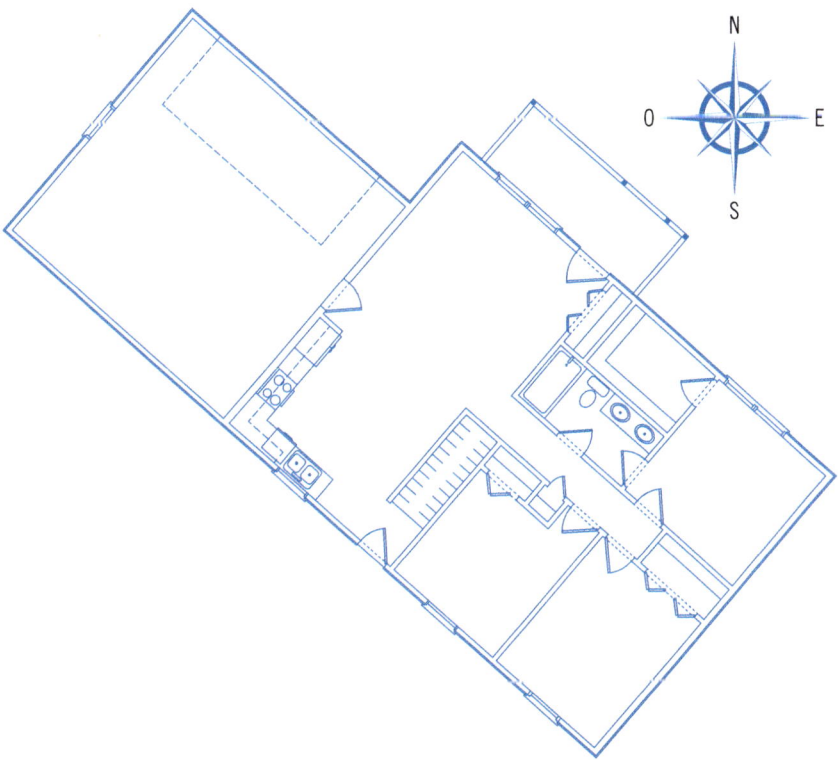

SOLUCIÓN

Para empezar, habrá que cumplimentar los datos generales del proyecto según se observa en la figura siguiente:

Continúa en página siguiente >>

<< Viene de página anterior

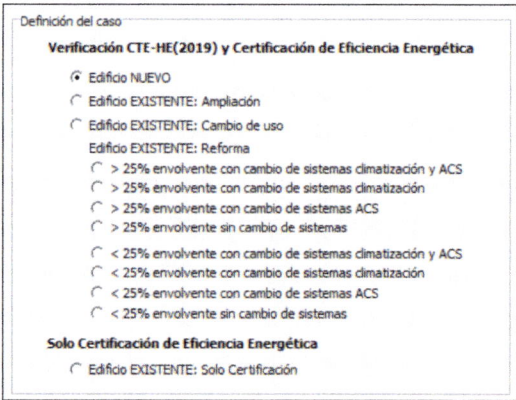

Datos generales del proyecto

En el siguiente paso se cumplimentan los datos de zonificación. Para ello habrá que consultar el Anejo B del documento básico HE donde se concreta que la provincia de Almería se incluiría dentro de la zona A4. El panel quedaría de la siguiente forma:

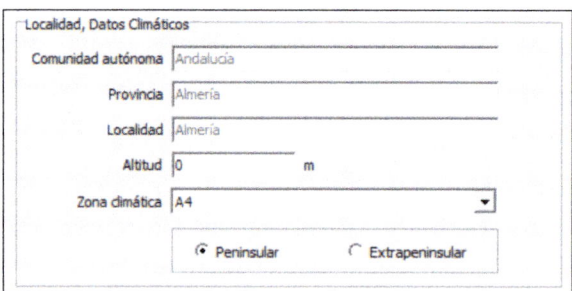

Datos de la zonificación climática

En cuanto a los dos siguientes datos a cumplimentar, se escogería vivienda unifamiliar como tipo de edificio, de uso residencial y de clase 3 o inferior, ya que, excepto en circunstancias extraordinarias, como podría ser que la vivienda tuviera una piscina cubierta, estas siempre se catalogan en la clase 3.

Para determinar el número de renovaciones, de nuevo se acude al documento básico HE, de donde se puede deducir que su valor, según los datos del enunciado, es 5.

3. Bases de datos de materiales, productos y elementos constructivos

Una vez se le ha proporcionado al programa la descripción básica del proyecto, habrá que indicarle diversos aspectos constructivos, como son los materiales y los productos utilizados, de forma que el *software* pueda, a partir de ellos, obtener los parámetros para realizar los cálculos matemáticos necesarios.

Para ello, el programa necesita acceder a un conjunto de bases de datos donde se almacena toda la información correspondiente a estos parámetros.

HULC permite la entrada de datos de diversas fuentes, como se muestra en el esquema siguiente.

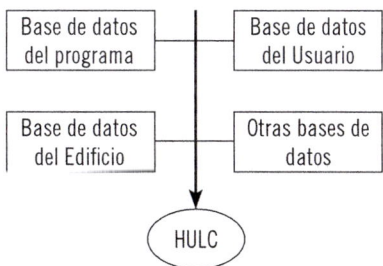

Para acceder a las bases de datos, desde la página principal se entra en la definición de geometrías y en la nueva ventana se pulsa el siguiente botón:

Botón de acceso al sistema de gestión de bases de datos de LIDER

Tras ello se entra en el menú de base de datos, como se muestra en la figura, donde se enmarca en rojo los elementos sobre los que se actúa al manejar la base de datos.

Los otros elementos pertenecen a la definición del edificio y serán tratados en detalle en un punto posterior.

Menú inicial para la gestión de las bases de datos

Antes de escribir los distintos tipos de bases de datos, es interesante hacer mención de los parámetros que este *software* utiliza para hacer sus cálculos.

Para el cerramiento opaco del edificio, los parámetros que se consideran son:

- Densidad.
- Calor específico.
- Conductividad térmica.
- Resistencia térmica.
- Coeficiente a la resistencia de la difusión del vapor de agua.

Los cuatro primeros parámetros ya fueron estudiados en detalle en el capítulo anterior. En cuanto al coeficiente de resistencia de la difusión del vapor de agua, este hace referencia a la facilidad con la que se pueden producir humedades en el cerramiento del edificio.

Nota

Debe tenerse en cuenta que la resistencia térmica se puede obtener a partir de los otros tres parámetros: densidad, calor específico y conductividad térmica, y por lo tanto en la Herramienta Unificada LIDER-CALENER (HULC) se especifican el primer parámetro o los otros tres para describir un material constructivo.

Estos parámetros también se denominan **propiedades higrométricas.**

Nota

En el proceso de edificación uno de los objetivos ha de ser el confort higrométrico, con el cual se pretende conseguir que en el interior de la edificación haya un ambiente confortable para las personas desde el punto de vista de la climatización.

En cuanto a los elementos semitransparentes del cerramiento, como son los sistemas de acristalamiento, los parámetros a considerar son:

- Transmitancia térmica.
- Factor solar.

3.1. Bases de datos del programa

La Herramienta Unificada LIDER-CALENER (HULC) incluye una amplia base de datos donde almacena las propiedades de la mayoría de los productos y los elementos constructivos utilizados en la actualidad, por lo que para muchos de los proyectos solo se necesitará recurrir a estas. Esta base de datos está almacenada en un archivo de librería.

Base de datos de productos y elementos constructivos

A continuación se analizará de forma breve cómo la Herramienta Unificada LIDER-CALENER (HULC) organiza la base de datos de productos y elementos constructivos dentro del archivo de librería BDCatálogo.bdc.

La aplicación agrupa los distintos elementos constructivos en grupos conforme a su composición o utilidad.

De esta forma, los grupos que incorpora son:

- Aislantes.
- Bituminosos.
- Cámaras de aire.
- Cauchos.
- Cerámicos.
- Enlucidos.
- Fábrica de bloque cerámico de arcilla aligerada.
- Fábrica de bloque de hormigón aligerado.
- Fábrica de bloque de hormigón convencional.
- Fábrica de ladrillo.
- Forjados reticulares.
- Forjados unidireccionales.
- Hormigones.
- Losas alveolares.
- Maderas.
- Metales.
- Morteros.
- Pétreos y suelos.
- Plásticos.
- Sellantes.
- Textiles.
- Vidrios.
- Yesos.

Cada uno de estos grupos comprende una gran cantidad de materiales y productos constructivos que, debido a su extensión, no se comentarán en este texto, dejando su análisis como actividad para el lector.

 **Actividades**

2. Para adquirir una idea de los productos y los materiales que Herramienta Unificada LIDER-CALENER (HULC) incorpora, realizar un esquema donde para cada grupo se identifiquen los materiales incluidos y sus propiedades básicas.

Inserción en el proyecto de elementos de la base de datos del programa

Inicialmente, el *software* incorpora un conjunto de materiales precargados. Estos materiales son los que proporciona el archivo de base de datos BDCatálogo.bdc. Esta es una base de datos inicial.

El *software* proporciona la posibilidad de proporcionar nuevos materiales a la base de datos. Para ello, se hace clic sobre el botón derecho del ratón sobre el correspondiente apartado donde se quiere incorporar algún material nuevo.

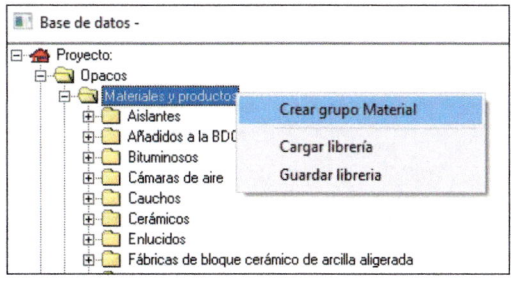

Acceso a la carga de materiales a partir de librerías no incluidas inicialmente en el software

Para utilizar los materiales que incorpora el catálogo por defecto de este *software,* pulsando sobre él "+" se despliega el conjunto de materiales que incorpora la base de datos, agrupados por categorías.

Por defecto el sistema ya tiene sobrecargado un conjunto de materiales que permiten utilizarlos para la definición del edificio.

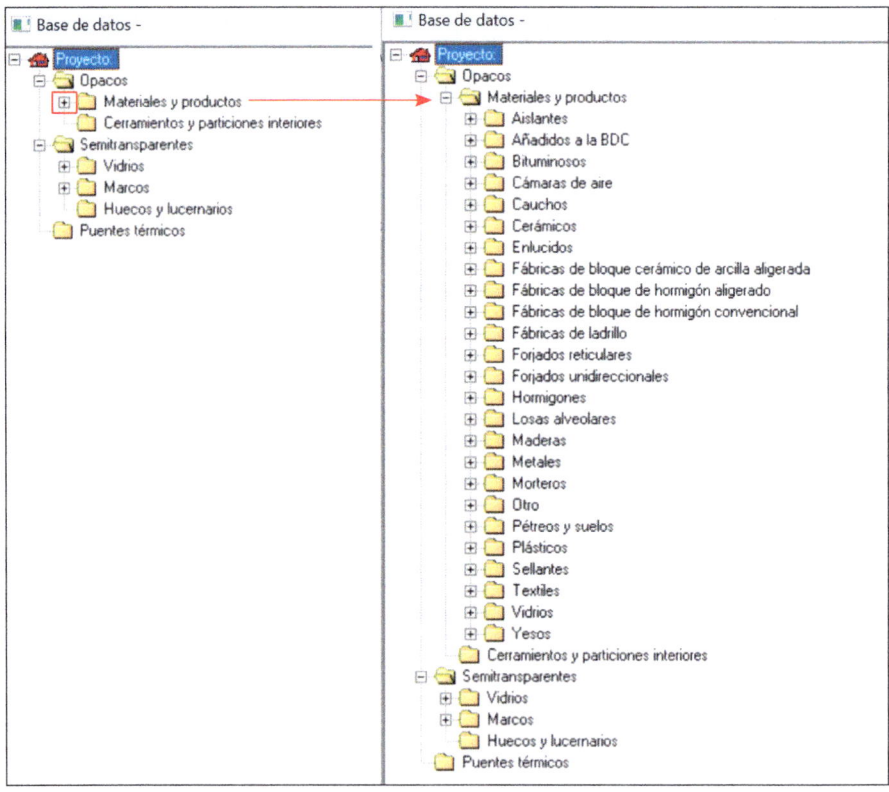

Selección de un material de la librería

Haciendo clic sobre **Material** aparecerán los parámetros correspondientes a este material que serán utilizados por el programa para la realización de los cálculos.

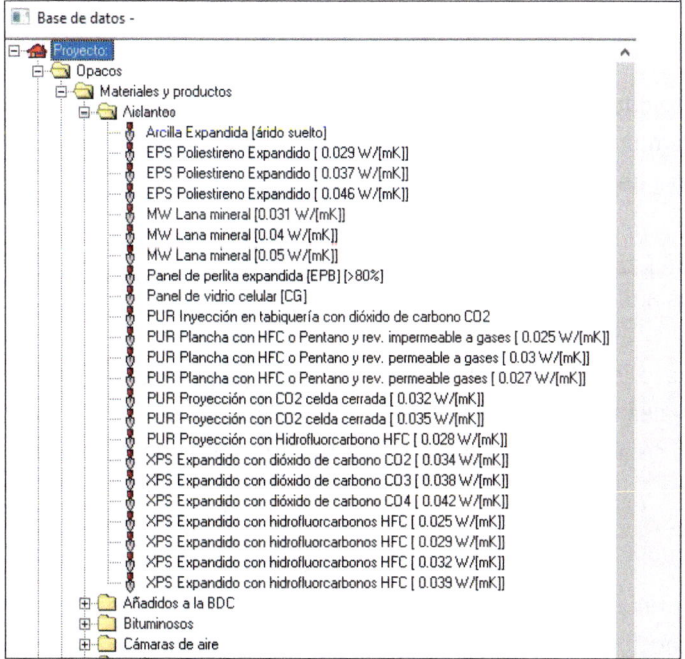

Propiedades y parámetros del material seleccionado

Tras seleccionar los materiales y las propiedades de los cerramientos opacos se deben seleccionar los elementos semitransparentes. En este caso, se selecciona el material de los vidrios y los marcos para proporcionar al *software* información sobre su comportamiento térmico.

Actividades

3. Siguiendo el proceso de selección de un material para el cerramiento opaco de la base de datos proporcionada por el programa HULC, seleccionar un material para cada una de las categorías de los elementos semitransparentes, es decir, un tipo de vidrio y de marco, y hacer un cuadro-resumen con las propiedades que para los materiales seleccionados proporciona el programa.

3.2. Bases de datos del usuario

En ocasiones no se encuentran los materiales a utilizar en la base de datos del programa. En este caso, el usuario puede introducir los datos creando su propia base de datos para el proyecto en cuestión.

En este caso será muy importante que se conozcan las propiedades de los materiales a utilizar.

De nuevo, se debe tener en cuenta que el proceso es análogo tanto para los materiales del cerramiento opaco como para vidrios y marcos, salvo que en cada caso se deberán considerar los parámetros correspondientes.

Aplicación práctica

Cree un material dentro de la base de datos. Este material podría denominarse Pared 1, siendo sus parámetros los siguientes:

- Densidad: 1.500 kg/m^3.
- Calor específico: 800 J/kg·K.
- Conductividad térmica: 0,600 W/m·K.
- Espesor:0,1 m.

Solución

Como se ha visto en el punto anterior, los materiales de los elementos constructivos se estructuran en grupos. Así, lo primero que se debe realizar es crear un grupo adecuado al tipo y la funcionalidad del material a usar.

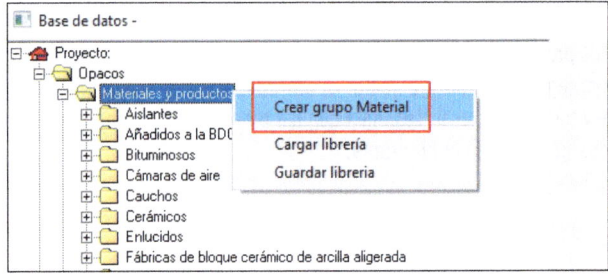

Creación de un grupo de materiales

Una vez creado el grupo del material, se crea el material dentro del grupo, al cual habrá que proporcionar las propiedades adecuadas para que el *software* realice los cálculos del comportamiento térmico.

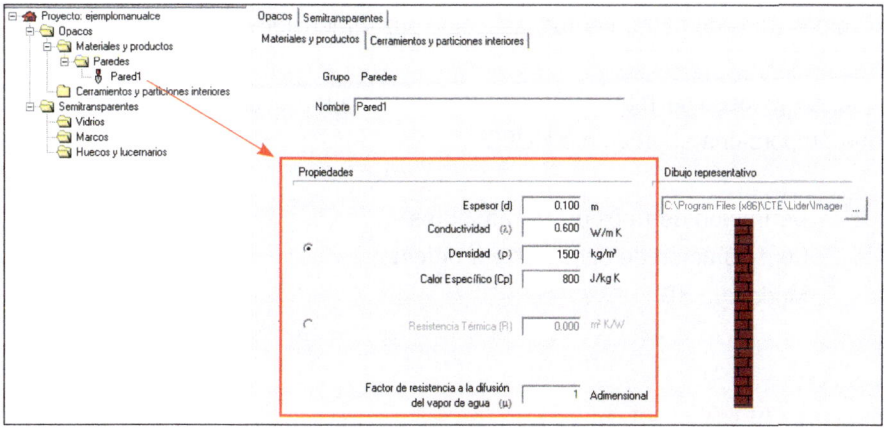

Propiedades del material

3.3. Bases de datos del edificio y otras bases de datos

HULC permite el uso de base de datos de edificios guardadas previamente u obtenidas a partir de otros programas, así como la incorporación de otras bases de datos externas. En el caso de bases de datos externas, estas deberán tener el formato correcto, de forma que el programa las pueda comprender.

 Nota

Los materiales utilizados en el análisis con HULC, obtenidos a partir de bases de datos que no sean las propias del programa, deberán ser acreditadas por medio de la documentación adecuada.

4. Definición del edificio

Una vez que se han introducido en el programa los materiales que constituyen los elementos constructivos, se le tendrá que proporcionar la definición del edificio, es decir, qué tipos de cerramientos habrá, cómo están distribuidos los diversos tipos de cerramientos, así como sus dimensiones y la de los huecos.

Este proceso se realiza en tres etapas haciendo uso de diversos módulos que proporciona el programa HULC:

1. Definición de tipos de cerramientos.
2. Configuración de opciones por defecto.
3. Modelado 3D.

4.1. Definición de tipos de cerramientos

La definición de los tipos de cerramientos se realiza desde el menú de **Bases de datos.**

Para ello, en el menú de **Gestión de la base de datos** habrá que trabajar con las opciones de **Cerramientos y particiones interiores** y **Huecos y lucernarios.**

En este caso, los elementos se deben crear conforme a los paneles que la aplicación proporciona.

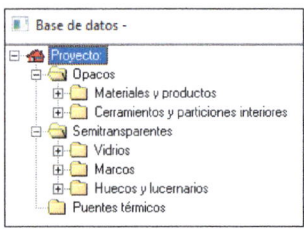

Definición del edificio

Definición de cerramientos y particiones interiores

En este punto se va a exponer cómo se lleva a cabo la definición del cerramiento exterior así como de las particiones interiores de la edificación que se pretende estudiar.

Para ello se deben tener cargados los materiales que se utilizan en la edificación, ya que los cerramientos y las particiones interiores estarán fabricados a partir de ellos y se les tendrá que ir asignando un material concreto.

Para asignar un cerramiento, desde el menú de **Base de datos** se debe crear un grupo de cerramiento.

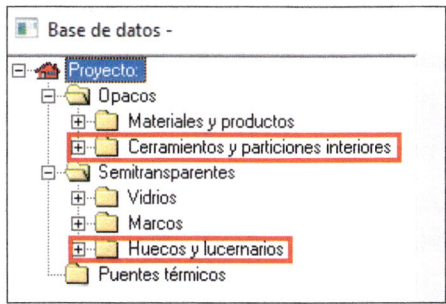

Creación de un grupo de cerramiento

Dentro de un grupo de cerramiento se crean los diversos cerramientos que componen el grupo.

A este cerramiento se le asignarán los materiales concretos que estén definidos en el apartado de **Materiales y productos** por medio de un conjunto de menús desplegables. En un esquema básico en dos dimensiones se observa cómo se configura la estructura del cerramiento.

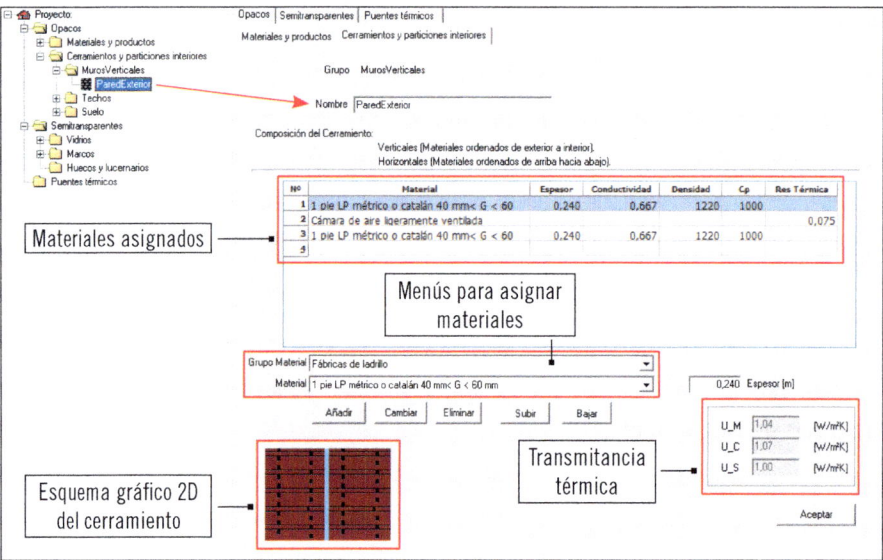

Creación del cerramiento

Ejemplo

Supóngase que se crea un grupo de cerramientos al que se le denomina **MurosVerticales**. Dependiendo de si todos los muros verticales de la edificación son iguales o no habrá uno o varios cerramientos. Si, por ejemplo, la fachada principal tiene una capa con un enlucido exterior mientras que el resto de muros exteriores no la presentan, se crearían dos cerramientos dentro del grupo:

▮ Cerramiento 1: **FachadaPrincipal**.
▮ Cerramiento 2: **OtrosMurosVerticales**.

Definición de elementos semitransparentes

Al igual que se ha hecho con los cerramientos opacos de la vivienda habrá que hacer con los elementos semitransparentes.

En este caso deben estar definidos con antelación los materiales que conformarán el sistema de acristalamiento, que básicamente son el vidrio y el marco.

Dentro de los elementos semitransparentes se consideran tanto las ventanas como los lucernarios y las puertas acristaladas.

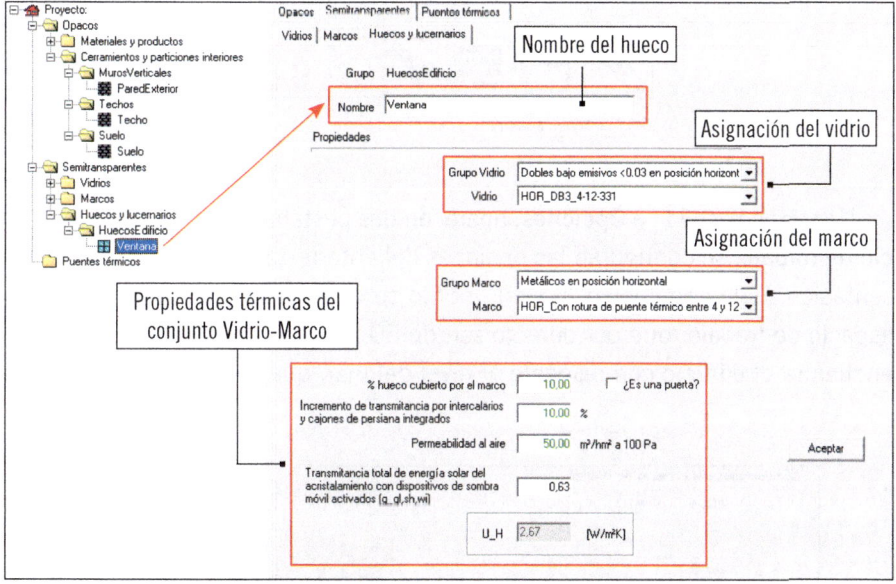

Definición de elementos semitransparentes

En cuanto a las puertas no acristaladas, o cuya superficie de vidrio sea inferior al 50 %, en el *software* HULC se introducen como ventanas, pero proporcionándoles a sus parámetros los valores correspondientes a los que tendría una puerta, lo cual puede hacerse suponiendo que la ventana es 100 % vidrio sin marco y con un factor solar menor de 0,1 y transmitancia térmica correspondiente a la de la puerta.

4.2. Configuración de opciones por defecto

Una vez establecidos los tipos de cerramientos, el siguiente paso será establecer las opciones por defecto que deberá tomar el programa para la definición del cerramiento de la edificación.

El módulo de la aplicación donde se lleva a cabo este paso es **Opciones.**

Botón de acceso a Opciones

Una vez se accede a **Opciones,** aparecen dos pestañas. En la primera, **Espacio de trabajo,** se configuran las opciones del entorno gráfico 3D para la representación de la edificación. En este punto se configuran las dimensiones del espacio de trabajo, que por defecto son de 60 x 60 m, y la altitud a la que se encuentra el edificio con respecto al nivel del mar, que por defecto es cota 0.

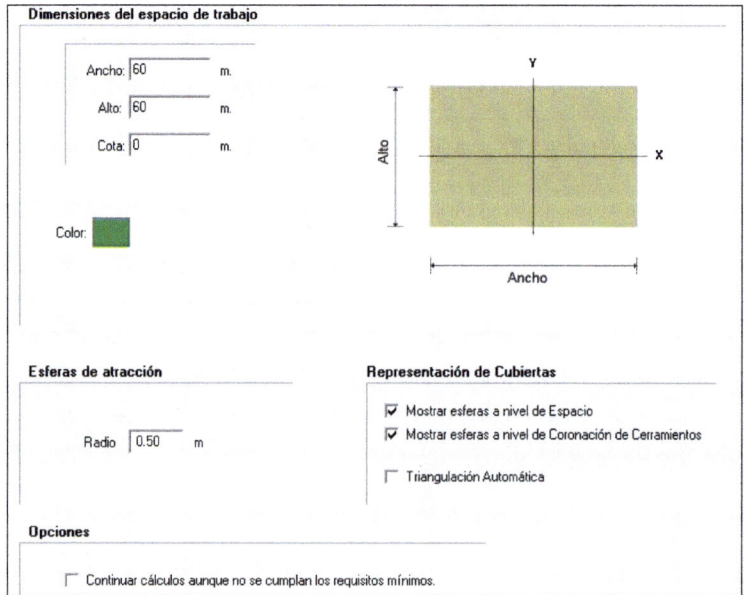

Configuración del espacio de trabajo

El resto de información a incluir en esta ventana proporciona al programa datos sobre cómo se establecen los vértices de los distintos elementos que componen la edificación, a los que se les denomina **esferas de atracción**.

En la segunda pestaña, **Cerramientos y particiones interiores,** que es la que se encuentra dentro del objetivo de este punto, se permite establecer valores que el *software* asignará a los elementos constructivos por defecto, es decir, si no se le indica otra cosa. Los datos se asignan en función de los propuestos en la base de datos cuando se definieron los cerramientos y los huecos.

Definición de los cerramientos por defecto

Al definir los huecos es posible que sobre ellos haya presente algún tipo de elemento de protección como por ejemplo toldos o voladizos. Para definir estos se hace clic en el botón **Protección solar,** apareciendo un nuevo cuadro de diálogo donde se identificarán estos elementos.

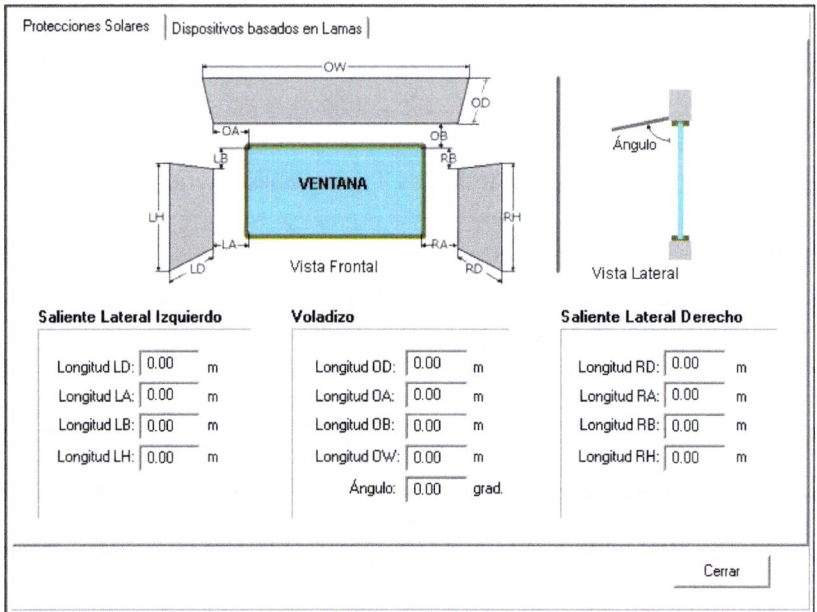

Definición de los dispositivos de protección solar en huecos

Aplicación práctica

Supóngase que se incorpora a las ventanas de un edificio en estudio un elemento de protección solar que consiste en un voladizo centrado con respecto a la ventana con una inclinación de 20°, una distancia a la parte superior del marco de 0,20 m y cuyas dimensiones son las siguientes:

- Anchura: 1,40 m
- Profundidad: 1 m.

Indique cómo se introduciría este elemento en el estudio.

Solución

Como se puede observar en el panel **Opciones,** se incluyen las características básicas de las ventanas, donde se indica sus dimensiones y la altura a la que está situada.

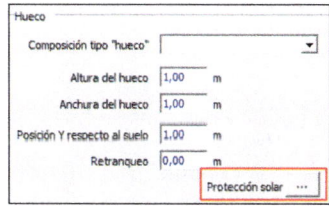

Dimensiones de las ventanas por defecto

Haciendo clic en **Protección solar** aparecerá el panel que se debe cumplimentar con las características del voladizo a incluir.

Los parámetros que se deben insertar son:

- OD: se corresponde con la profundidad y, por lo tanto, es igual a 1 m.
- OA: como el voladizo está centrado y su dimensión es de 1,40 m, mientras que el tamaño de la ventana es de 1 m, este parámetro deberá valer 0,20 m.
- OB: 0,20 m dado por el enunciado.
- OW: 1,40 m.
- Ángulo: 20°.

Con estos datos el panel quedaría como se muestra en la siguiente figura:

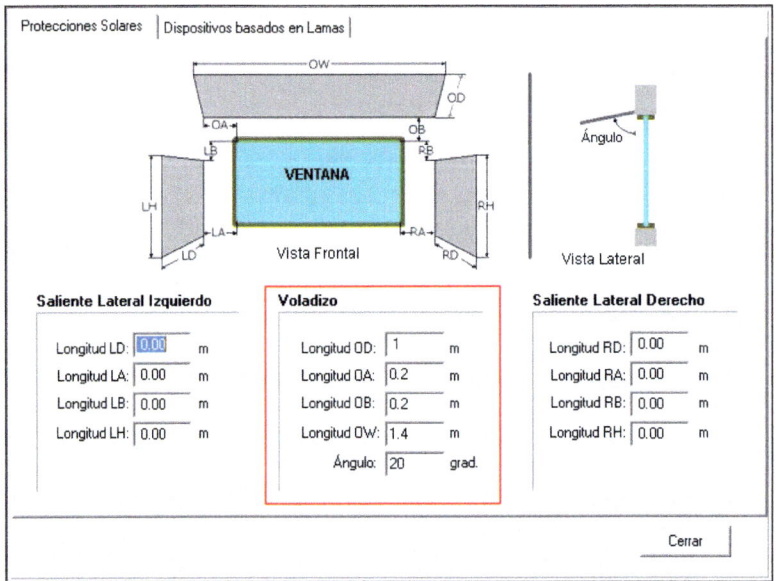

Datos del voladizo

Otro aspecto de la estructura de los edificios que se debe incorporar para un análisis correcto es el de los puentes térmicos. Para introducirlos una vez se ha definido la geometría del edificio y los materiales con los que se realizan los diversos elementos de este, habrá que volver a la ventana de gestión de la base de datos e introducirlos desde la correspondiente ventana.

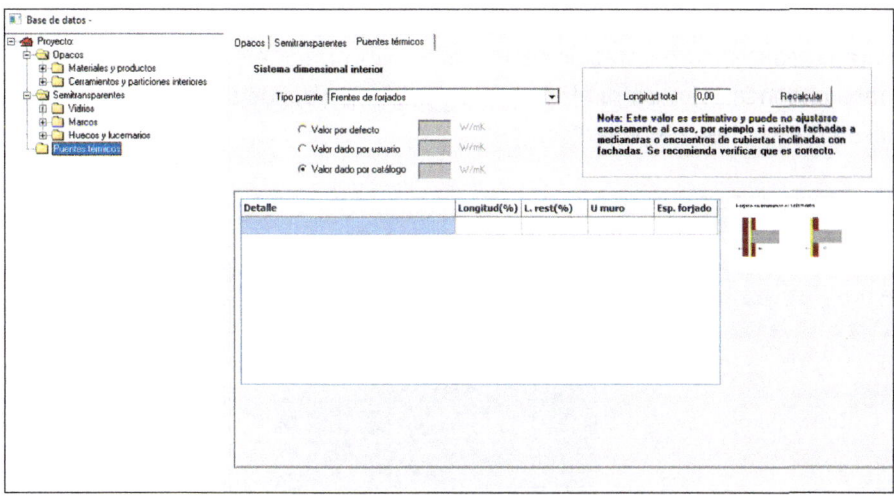

Puentes térmicos

Actividades

4. Buscar información en diversas fuentes sobre la formación de puentes térmicos en los forjados de la edificación y realizar un resumen.

4.3. Definición de la geometría del edificio

La definición completa del edificio se realiza a partir de su modelado en 3D, para lo cual hay que acceder al módulo de la aplicación destinado para ello.

Acceso a la ventana de definición de la geometría

Una vez se accede al módulo, se observan tres elementos fundamentales para la realización del trabajo de modelado. El primer elemento es el área de trabajo, donde se muestra el modelo del edificio y donde se irá actuando para insertar distintos componentes.

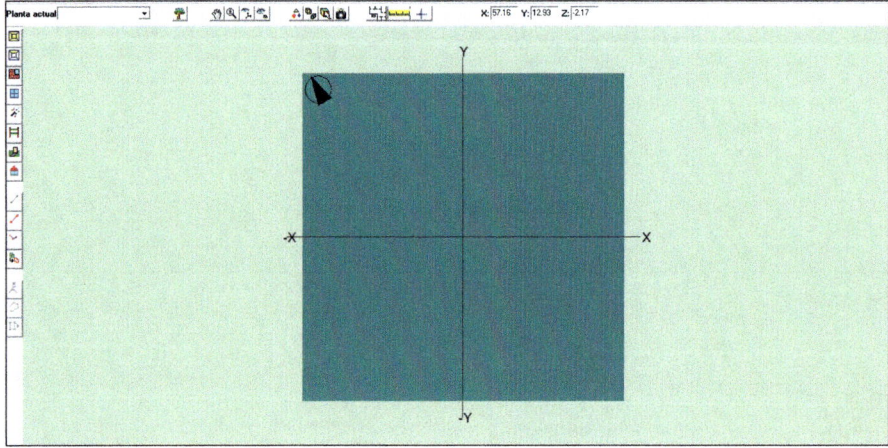

Espacio de trabajo 3D

En la parte izquierda de la ventana se encuentra una barra de herramientas que permite la introducción de los componentes del edificio en el modelo 3D.

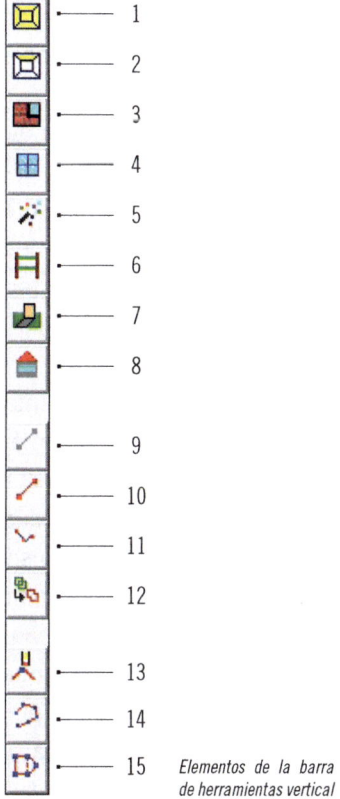

*Elementos de la barra
de herramientas vertical*

A continuación se van a describir los distintos elementos que forman parte de esta barra de herramientas según la numeración de la imagen anterior:

1. **Dibuja la forma geométrica de las plantas de la edificación:** esta proporcionará un soporte para el resto de los elementos. La representación gráfica de la planta se realiza sobre las medidas interiores de la edificación. Un edificio puede tener varias plantas con diversas geometrías. Las plantas superiores se definen sobre la cota de la anterior.

    El dibujo se realiza por medio de los vértices de los segmentos que la conforman. Los vértices se colocan en sentido antihorario.

    Para definir la planta hace falta indicarle al programa el conjunto de datos que se muestra a continuación:

▮ **Nombre:** denominación de la planta para que pueda ser reconocida posteriormente en los diversos procesos que se llevan a cabo para la representación del edificio.

▮ **Planta anterior:** si el edificio consta de más de una planta se le deberá indicar la denominación de la planta anterior de forma que el programa pueda situarla correctamente.

▮ **Multiplicador:** en ocasiones un edificio consta de diversas plantas iguales. Para facilitar el proceso de representación del edificio puede ser útil indicárselo al programa por medio de este campo.

▮ **Altura de los espacios:** indica la altura de suelo a suelo de los espacios que serán contenidos por la planta. Este parámetro permitirá al *software* representar de forma automática los muros y los tabiques de la edificación con su altura correcta.

▮ **Cota:** indica la altura a la que se encuentra el suelo de la planta.

▮ **Igual a planta:** si la nueva planta a insertar es igual a otra, este campo facilita el proceso de representación del edificio, ya que automáticamente dibuja la planta como aquella que haya sido indicada.

▮ **Acepta espacios anteriores:** si la planta es igual a otra, permitirá que represente los espacios como en la planta anterior.

▮ **Creación de espacios igual a planta:** al crear la planta le asignará un espacio igual a esta. La división en más espacios se podrá hacer posteriormente.

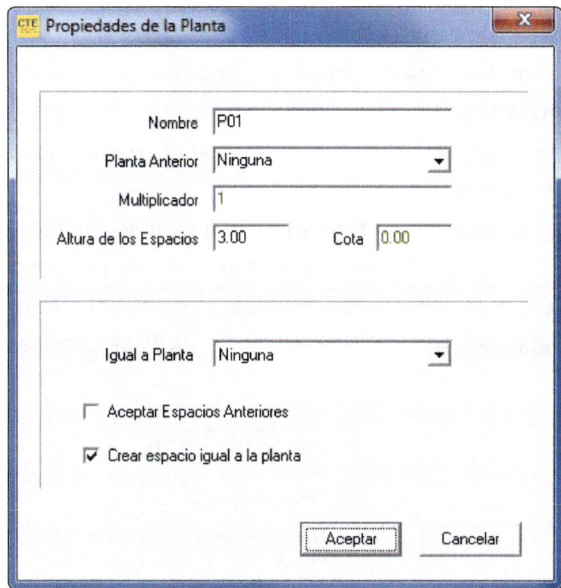

Definición de cerramientos

2. **Dibuja los espacios:** los espacios son las diversas estancias o ambientes que componen la edificación.

   Aunque es posible dibujar los espacios de forma directa sobre la planta creada, se considera más conveniente realizarlo por medio del uso de líneas auxiliares 2D, ya que proporcionará una mayor exactitud al diseño.

3. **Dibuja los cerramientos verticales:** es decir, los muros de la edificación. Estos se crean de forma automática en función de los espacios que se hayan definido.

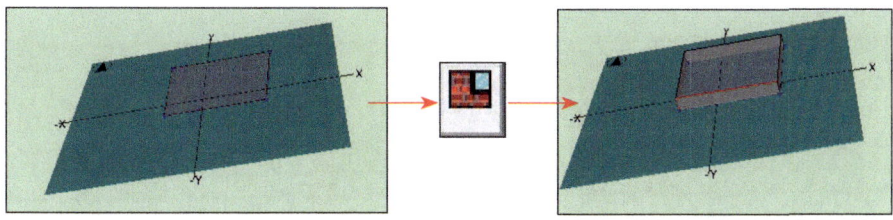

Definición de cerramientos

4. **Dibuja las ventanas y las puertas.**

5. **Dibuja los forjados de forma automática:** el *software* automáticamente determina la posición de los forjados.

   Recuerde: los forjados equivalen a los cerramientos horizontales como son las cubiertas o los techos.

6. **Dibuja los forjados de forma manual:** cuando los forjados se dibujan por medio de esta opción hay que seccionar el tipo de forjado que se quiere establecer para una zona determinada. Haciendo clic en el botón derecho del ratón aparece un menú para elegir las diversas opciones sobre el forjado.

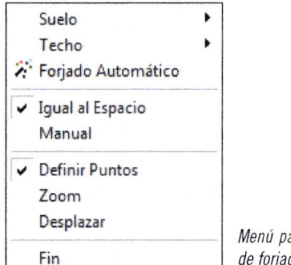

Menú para la representación de forjado manual

7. **Define los elementos que pueden producir sombra sobre el edificio:** en este punto es conveniente mencionar que estos elementos son distintos de las protecciones solares establecidas sobre las ventanas y las puertas del edificio así como de los elementos de sombra del propio edificio como son voladizos, etc. Elementos que proporcionan sombra al edificio son otros edificios o muros, etc.

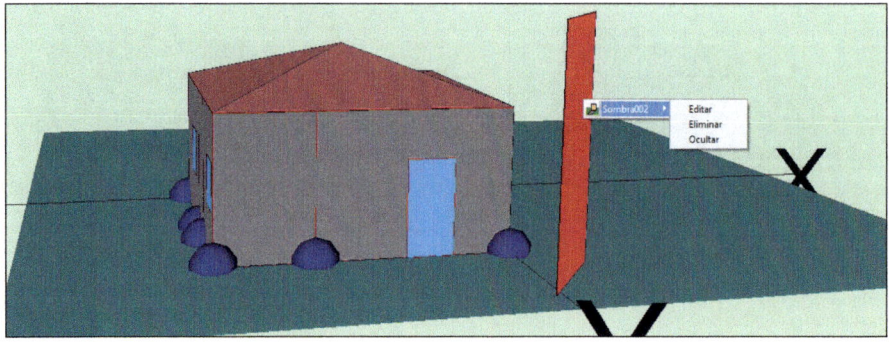

Elemento de sombra exterior al edificio bajo estudio

8. **Permite la inserción de elementos singulares en la edificación:** el programa admite que en el diseño del edificio aparezcan diversos elementos singulares como cubiertas no horizontales, muros no verticales, elementos de sombra distintos a los de las ventanas, etc.

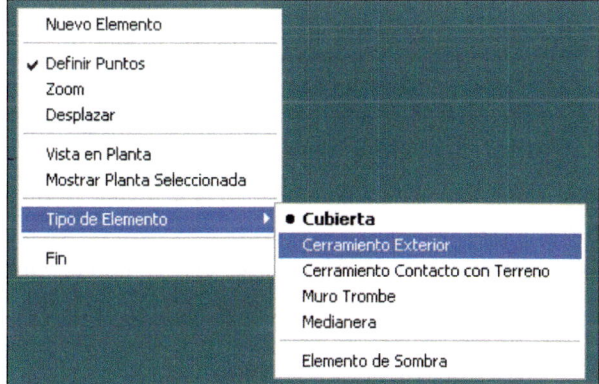

Selección de elementos singulares

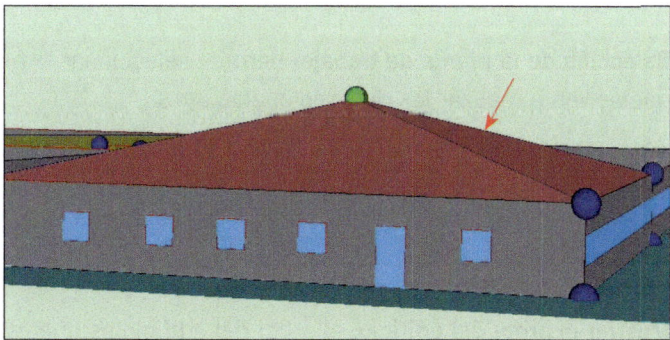

Elemento singular: cubierta inclinada

9. **Líneas auxiliares en 2D:** para llevar a cabo la representación de diversos elementos es conveniente utilizar líneas auxiliares en 2D.
   Ejemplo: cuando se quieren insertar los espacios sobre las plantas de forma más exacta, se deben dibujar líneas auxiliares sobre las que después se definen los espacios.

10. **Representación de líneas auxiliares en 3D:** al igual que las líneas en 2D, en ocasiones es necesario usar líneas auxiliares en 3D de forma que facilite la inserción de algunos elementos.

11. **Dividir espacios:** permite dividir un espacio en varios.

12. Unir espacios. De forma inversa al comando anterior, este se usa para unir dos espacios contiguos y formar así un único espacio.

13. **Borrar vértices:** como se ha comentado, el diseño se realiza por medio de la inserción de vértices que van conformando la estructura geométrica de la edificación. En ocasiones puede ser interesante para modificar esta estructura o eliminar algún vértice.

14. **Dibujar vértices:** este comando permite dibujar nuevos vértices sobre el diseño original.

15. **Insertar vértices:** en este caso lo que se pretende es, una vez está definida la línea entre dos vértices, insertar un nuevo vértice en ella.

Además de esta barra de herramientas, la interfaz para la definición del la edificación proporciona otra barra de herramientas horizontal que dispone de diversas funcionalidades que se comentan a continuación:

■ **Selección de la planta de trabajo:** permite seleccionar la planta sobre la que se van a realizar las diversas operaciones.

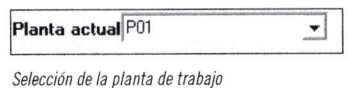

Selección de la planta de trabajo

■ **Mostrar el árbol del edificio:** el árbol del edificio es una estructura simbólica donde se puede acceder a los diversos elementos: plantas, espacios, cerramientos, ventanas, etc., que componen el edificio.

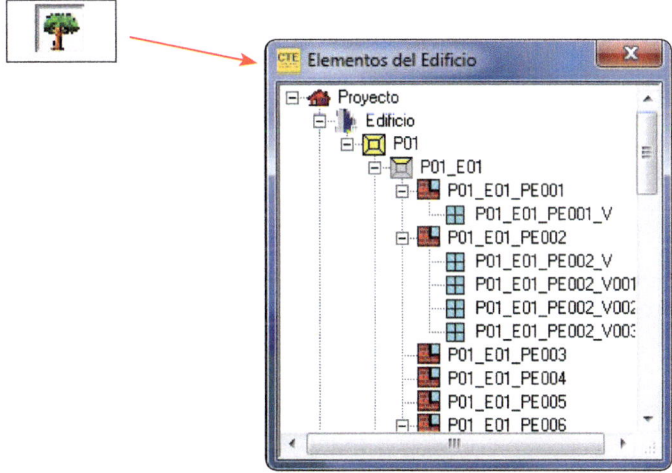

Mostrar el árbol del edificio

- ■ **Realizar acciones sobre el entorno de dibujo:**

Acciones sobre el entorno de dibujo

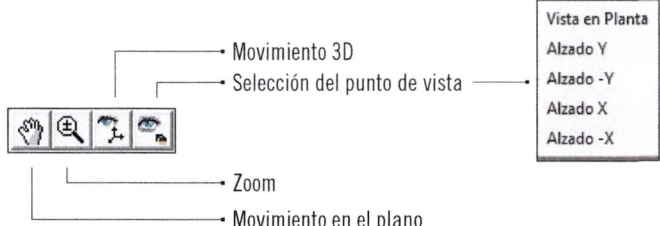

- ■ **Realizar acciones sobre la visualización de los objetos:**

Acciones sobre la visualización de los objetos

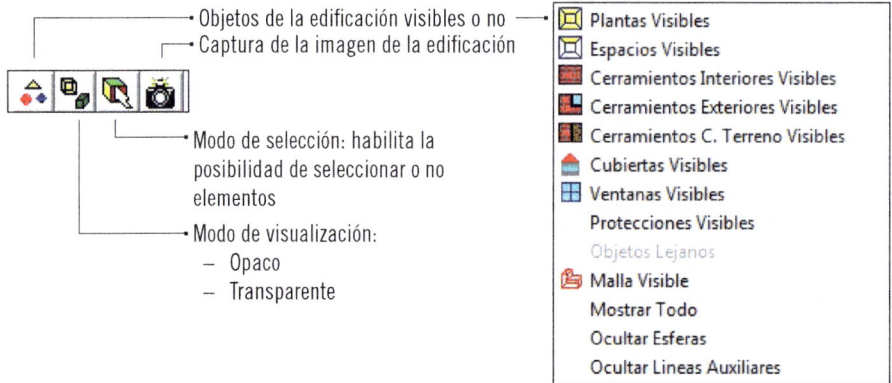

- •Objetos de la edificación visibles o no
- •Captura de la imagen de la edificación
- •Modo de selección: habilita la posibilidad de seleccionar o no elementos
- •Modo de visualización:
  - – Opaco
  - – Transparente

Plantas Visibles
Espacios Visibles
Cerramientos Interiores Visibles
Cerramientos Exteriores Visibles
Cerramientos C. Terreno Visibles
Cubiertas Visibles
Ventanas Visibles
Protecciones Visibles
Objetos Lejanos
Malla Visible
Mostrar Todo
Ocultar Esferas
Ocultar Lineas Auxiliares

■ **Otras opciones:**

Otras opciones

- •Añadir vértices a partir de sus coordenadas
- •Realización de medidas sobre el modelo 3D
- •Gestión de planos: permite introducir planos en BMP o DXF y usarlos como plantillas

La herramienta de gestión de planos permite usar planos como plantilla para el dibujo del diseño 3D.

Para llevar a cabo el trabajo los planos deben están en formato .bmp o .dxf. Si el edificio consta de varias plantas, cada una viene representada por un plano y será necesario que todos estén a la misma escala.

■ **Coordenadas del cursor:**

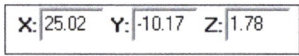

X: 25.02   Y: -10.17   Z: 1.78

Coordenados del cursor

Aplicación práctica

En muchas ocasiones se dispone del plano de la edificación y puede resultar conveniente usarlo como plantilla para el dibujo de las plantas y los espacios. Por ello, se ha considerado conveniente incluir una aplicación práctica donde se lleve a cabo el dibujo de la planta de un edificio a partir de su planta.

Considere entonces el siguiente plano de la planta y, por medio de un programa de dibujo básico, por ejemplo Paint, dibújela a mano alzada de forma aproximada y guárdela en formato bmp.

Plano de la planta del edificio

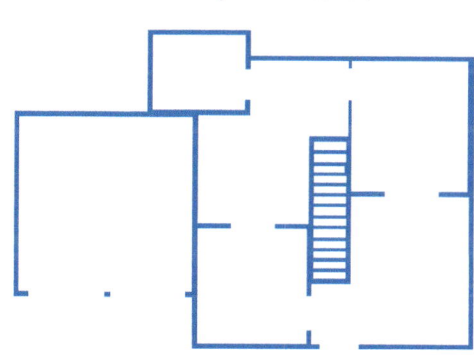

Solución

Para iniciar el proceso se debe crear un proyecto nuevo e incluir los datos básicos.

Como en principio el objetivo de esta aplicación es indicar al lector el proceso de incluir un plano que se usará como plantilla, los datos básicos, así como los de materiales y la definición del cerramiento, se dejan abiertos a la elección del lector.

Una vez introducidos los datos se procede a cargar el plano en la aplicación.

Para ello es necesario estar en la pantalla de diseño 3D.

Una vez en esta pantalla se pulsa el botón destinado a la gestión de planos, mostrándose el siguiente formulario:

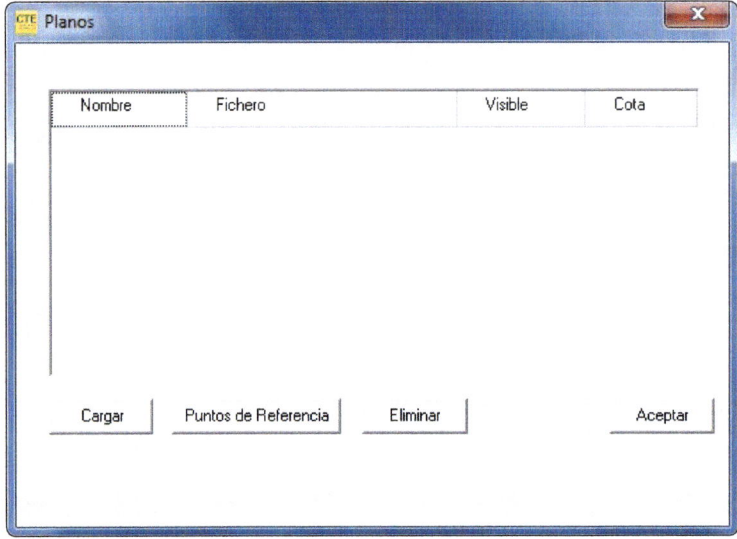

Pantalla para la introducción de planos

En esta pantalla se procede a cargar el plano haciendo clic sobre el botón **Cargar.**

Tras ello, el *software* cargará el plano y mostrará una indicación para que se indiquen los puntos de referencia del edificio.

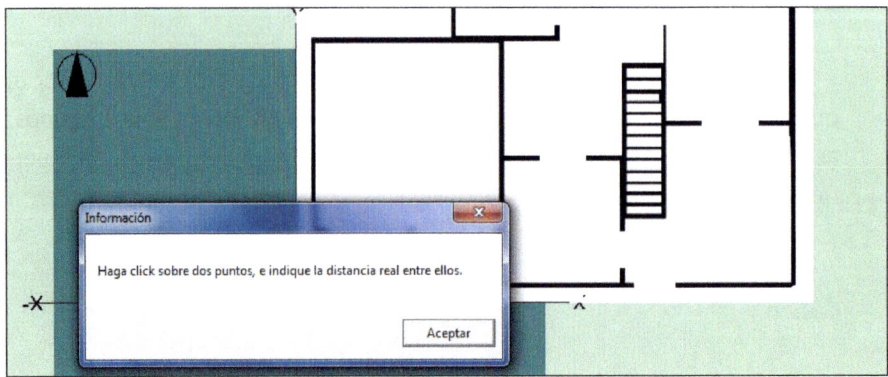

Mensaje indicativo para la introducción de puntos de referencia

Los puntos de referencia son aquellos vértices que permiten definir el contorno de la planta.

A medida que se pulsen los puntos, la aplicación solicita que se introduzca la distancia a la que se encuentran unos puntos de otros, de forma que el programa conozca las medidas reales de la vivienda.

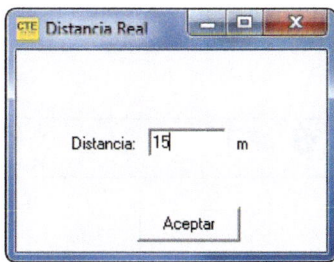

Panel para la introducción de medidas reales

Los puntos de referencia serán dos puntos elegidos por el usuario, de forma que el *software* calculará la medida del resto de elementos de forma automática.

Una vez elegidos ambos puntos se pasa a dibujar sobre el plano de referencia por medio de las herramientas comunes, definiéndose así la planta y el resto de elementos.

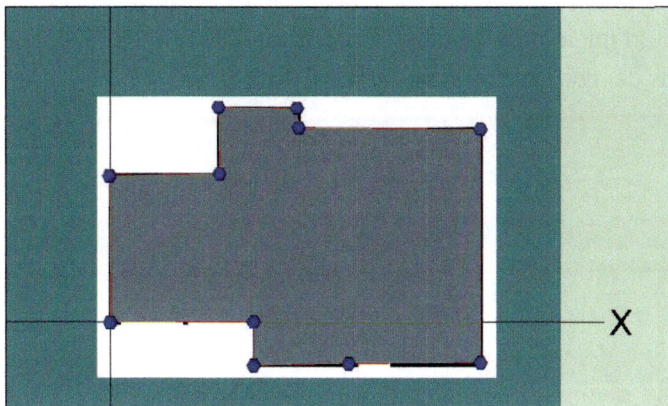

Planta del edificio obtenida a partir del plano

5. Cálculo, resultados y generación del informe de verificación

Una vez se ha finalizado la definición del edificio, el último paso del proceso será la realización de los cálculos y la obtención de resultados.

Para llevar a cabo los cálculos y la verificación de los requisitos establecidos en el documento DB-HE1, la herramienta unificada LIDER - CALENER presenta en su barra de herramientas el botón denominado CTE-HE1.

Comando calcular

La Herramienta Unificada LIDER-CALENER realiza los cálculos en función de los requerimientos establecidos en el Documento DB-HE1 incluido en el Código Técnico de la Edificación. En dicho documento se establecen unos requisitos mínimos para los parámetros térmicos de los diversos elementos que conforman el edificio aunque el programa presenta la posibilidad de seguir haciendo cálculos pese a no cumplirse los requisitos mínimos.

El programa presenta la posibilidad de seguir haciendo cálculos pese a no cumplirse los requisitos mínimos.

Una vez realizados los cálculos, la herramienta Unificada LIDER-CALENER presenta un informe de resultados donde establece si se cumple o no con los requisitos del documento básico CTE-HE1.

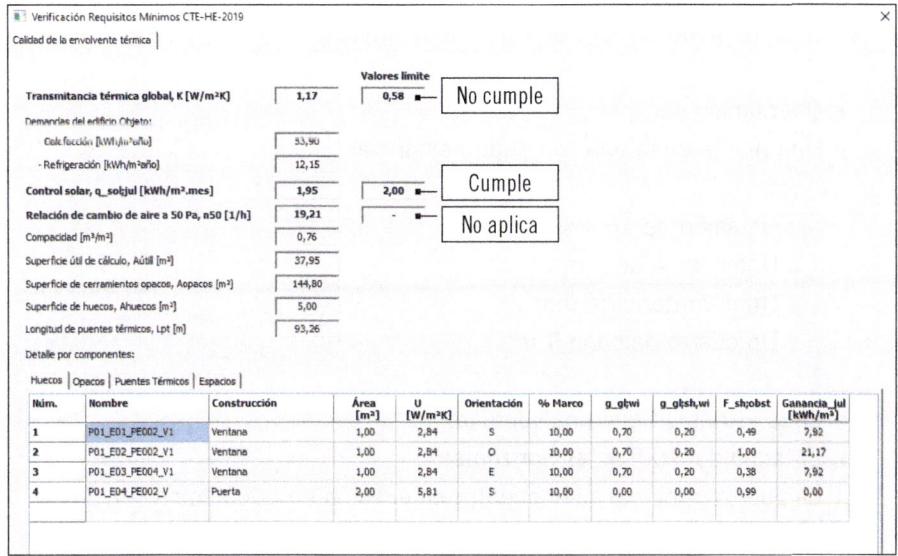

El *software,* proporciona información sobre si el edificio bajo estudio cumple con los requerimientos de limitación de demanda energética.

Por un lado proporciona datos generales, y por otro, concreta los datos a los diversos elementos de la envolvente térmica para poder conocer cómo influyen estos sobre el cálculo realizado.

6. Aplicación práctica de la opción general

Para finalizar el capítulo es conveniente realizar una aplicación práctica completa de la opción general. Aunque se va a analizar todo el proceso, se prestará más atención a la parte de definición del edificio, principalmente al modelado 3D, ya que es la parte más compleja.

En esta aplicación se pretende analizar una vivienda unifamiliar situada en Valencia.

La vivienda tiene las siguientes características:

- Orientación sur.
- Una planta cuadrada con cuatro estancias:

  - Un salón de 16 m^2.
  - Una cocina de 9 m^2.
  - Un dormitorio de 9 m^2.
  - Un cuarto de baño 4 m^2.

- Cada estancia tiene una ventana.
- El techo del edificio es horizontal.
- La puerta principal se encuentra en el salón en orientación sur.

En cuanto a los materiales constructivos:

- Los muros exteriores están formados por doble capa de ladrillo perforado con una cámara de aire de 10 cm en medio. En el extremo interior de la vivienda el muro está enlucido con perlita.
- Los tabiques interiores están constituidos por una capa de ladrillo perforado finalizados en perlita en ambas caras.
- El suelo es de hormigón, sobre el que se apoya el pavimento cerámico de gres.
- El techo, en su parte más externa, está constituido por hormigón, embellecido en el interior por escayola, habiendo una capa de aire entre ambos elementos y una capa aislante.
- Las ventanas son de doble acristalamiento, sin elementos de protección solar.

A continuación se va a examinar de forma detallada cómo se realizaría el estudio de eficiencia energética para el edificio comentado.

En la pestaña **Datos administrativos** habrá que introducir al menos, los datos de la comunidad autónoma, la provincia y la localidad para que el *software* permita obtener la zona climática correspondiente a la edificación.

Una vez introducidos estos datos en la pestaña de datos generales se indicará la zona climática.

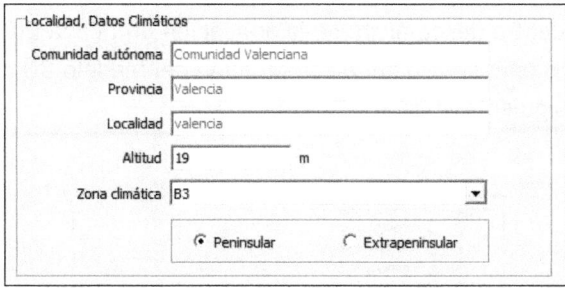

Zonificación climática

Tras ello habrá que indicar en esta misma pestaña de datos generales los datos básicos del edificio como son, el tipo de edificio y uso al que estará destinado. En este caso el tipo es una vivienda unifamiliar y el uso de la edificación será Residencial.

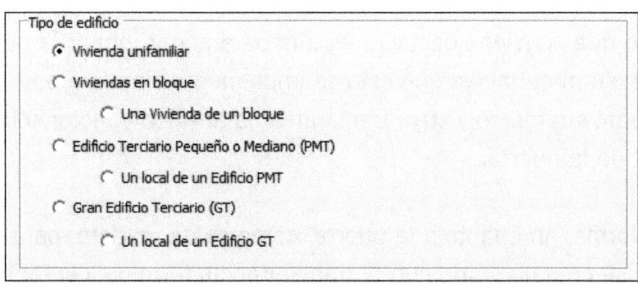

Datos de orientación, tipo de vivienda y clase por defecto

Una vez cumplimentados estos datos habrá que indicar al programa los materiales que constituyen los diversos elementos del edificio. Para ello, en se accede al apartado de definición de la geometría y tras lo cual se accede a la Base de datos donde se introducen los materiales.

En el caso de esta aplicación práctica, se supondrá que todos los materiales se encuentran dentro del catálogo de la aplicación unificada LIDER-CALENER y ya precargados para su uso en la constitución del modelo 3D como se puede observar en la siguiente imagen.

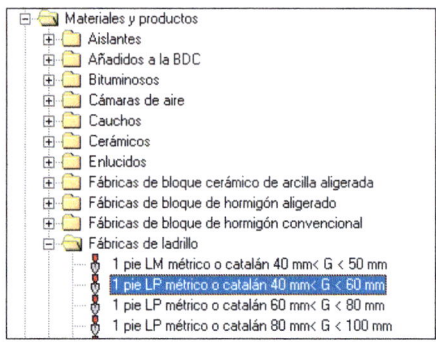

Materiales y productos para los cerramientos opacos

Un punto que conviene destacar es que para poder incluir la puerta es necesario crear su material, ya que esta se implementa simulando un sistema de acristalamiento sin marco y cuya transmitancia térmica y factor solar serán los del material de la puerta.

De esta forma, en cuanto a la puerta, como es de madera, para indicárselo al programa se crea un vidrio con la transmitancia térmica y el factor solar correspondientes a esta. El factor solar será 0, ya que es opaco, y la transmitancia térmica que se proporciona para el material es de 5,6 $(W/m^2 \cdot K)$. Además, se supone que el porcentaje de marco en el hueco es del 0 %, es decir, no hay marco.

Vidrios | Marcos | Huecos y lucernarios |

Grupo   Puertas

Nombre   Puerta

Propiedades

Grupo Vidrio   Puerta

Vidrio   Puerta

Grupo Marco   De Madera en posición horizontal

Marco   HOR_Madera de densidad media alta

% hueco cubierto por el marco   10,00   ☐ ¿Es una puerta?

Incremento de transmitancia por intercalarios y cajones de persiana integrados   10,00 %

Permeabilidad al aire   50,00   m³/hm² a 100 Pa   Aceptar

Transmitancia total de energía solar del acristalamiento con dispositivos de sombra móvil activados (g_gl,sh,wi)   0,00

U_H   5,81   [W/m²K]

Definición de la puerta

El siguiente paso es la definición del edificio. En primer lugar, desde el panel de **Base de datos** se determinan los cerramientos opacos y las particiones interiores tomando para ello las combinaciones adecuadas con los materiales incluidos en la base de datos.

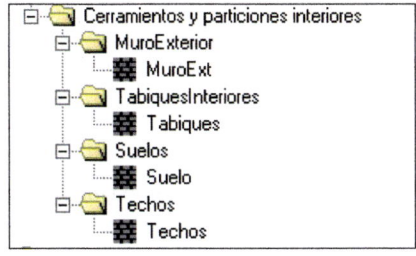

Definición de cerramientos y particiones interiores

Ejemplo

Para aclarar cómo se lleva a cabo este paso, se verá a modo de ejemplo cómo se ha especificado el muro exterior.

El primer paso es crear el grupo de cerramiento, que se ha denominado **MuroExterior,** y tras él se crea el cerramiento denominado **MuroExt.**

Creación del cerramiento MuroExt

Una vez creado el cerramiento, hay que decirle al programa cómo está implementado físicamente, es decir, los materiales y las capas que lo componen.

Continúa en página siguiente >>

<< Viene de página anterior

Los materiales de las distintas capas se obtienen de aquellos que fueron indicados con anterioridad en el apartado de **Materiales y productos**.

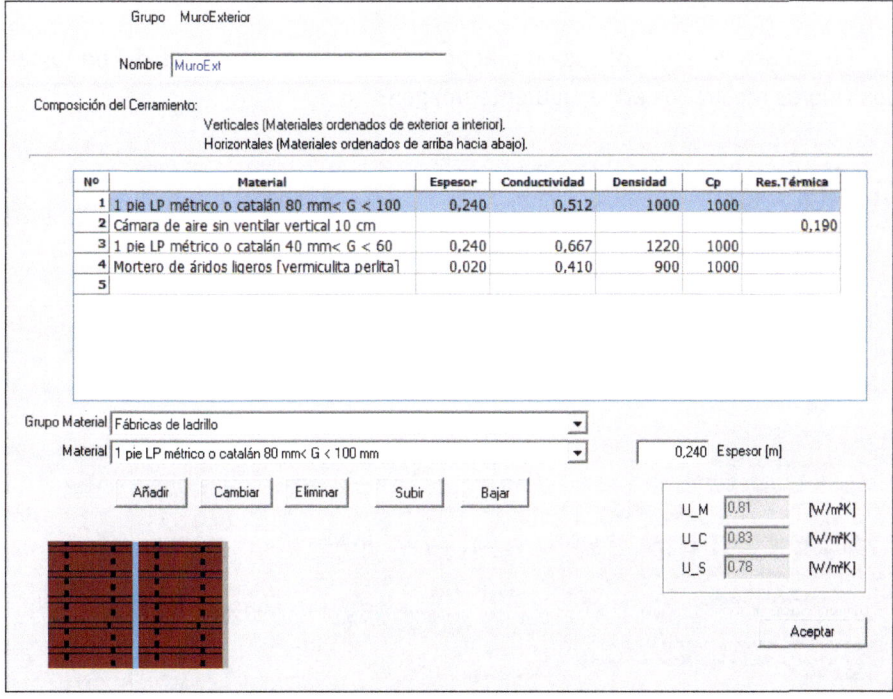

Caracterización del cerramiento MuroExt

Al igual que se hace con los cerramientos opacos, el siguiente paso será introducir los sistemas de acristalamiento o elementos semitransparentes tomando los datos según el tipo de vidrio y marco introducido con anterioridad.

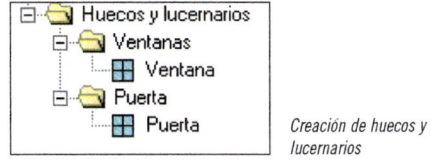

Creación de huecos y lucernarios

| 161

A continuación se deben configurar las opciones generales para que el programa tome por defecto aquella que se considere más importante. Se debe tener en cuenta que, aunque el programa asigna los datos establecidos por defecto al ir realizando el modelo 3D, estos pueden ser posteriormente modificados para atribuirles su parámetros reales.

En el caso de esta aplicación práctica, las opciones generales deben tomar los valores mostrados en la siguiente imagen:

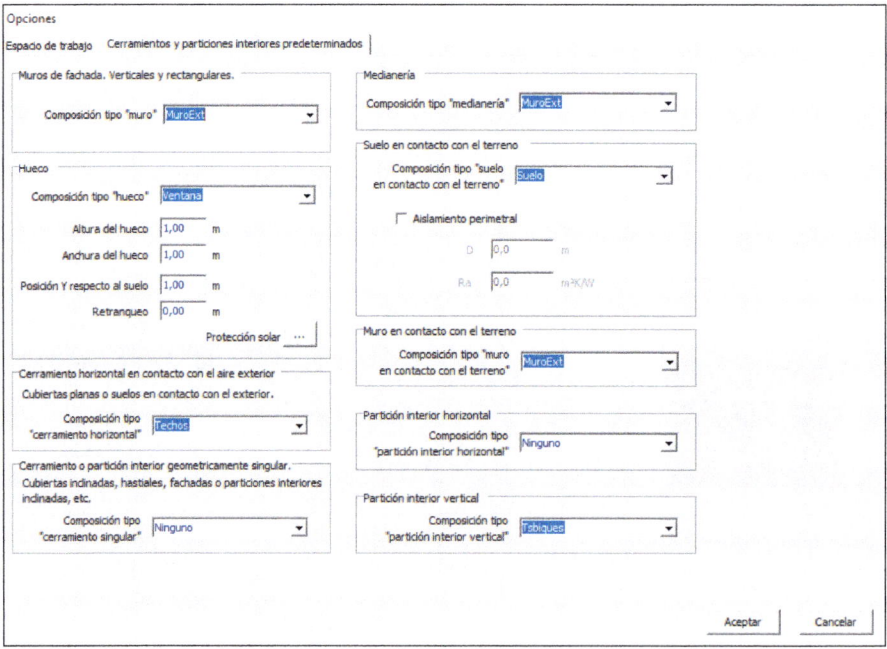

Configuración por defecto de elementos constructivos

El siguiente paso consiste en la realización del modelo 3D. Se debe comentar en este punto que el modelo no tiene por qué tener una gran exactitud, ya que para el objetivo del *software* esto no es necesario. Esto va a permitir que se pueda realizar el diseño en modo mano alzada.

Como ya se ha comentado, el trabajo de modelado 3D se realiza a partir del establecimiento de los vértices de los diversos elementos del edificio.

El primer paso es sin duda crear la planta. Como la planta es cuadrada y, según las dimensiones dadas, esta debe ser de 38 m², se debe dibujar un cuadrado de 6,16 m de lado. El dibujo se realiza posicionando los vértices en sentido antihorario.

Dibujo de la planta

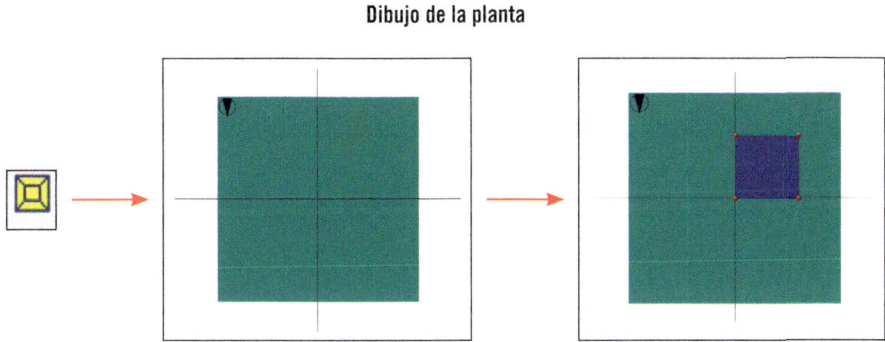

Una vez se ha definido la planta, el siguiente paso será definir los espacios.

Si se tuviera el plano, podría escanearse y, por medio del sistema de gestión de plano, usarlo como plantilla; si no es así, como ocurre en este caso, la distribución de las diversas estancias habrá que hacerla a mano alzada. Una forma adecuada de generar las estancias es a partir de líneas auxiliares en 2D, de forma que estas sirvan de referencia para la representación de los espacios.

Dibujo de la planta

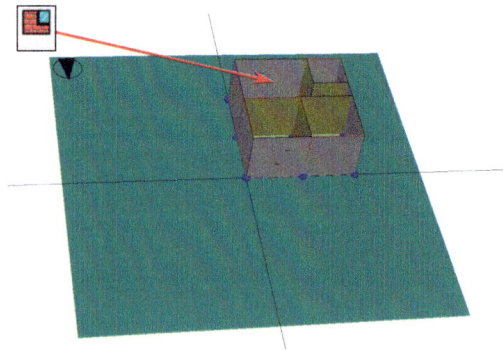

Tras representar los espacios, al pulsar el comando **Crear muros** el *software* adjudicará los cerramientos según las definiciones establecidas por defecto.

Representación de cerramientos

El siguiente paso en el modelado del edificio será incluir las ventanas y las puertas.

Cada habitación tiene una ventana y la puerta estará colocada en orientación sur. Las medidas de las ventanas son proporcionadas en las opciones por defecto.

Si posteriormente se quiere cambiar alguna, es posible editarla.

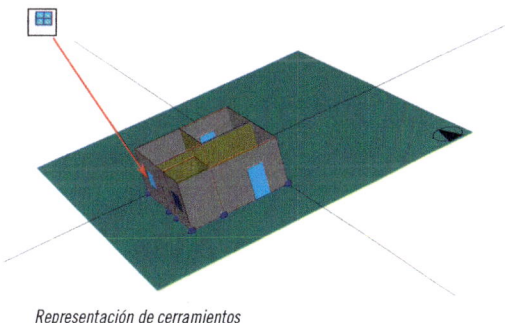

Representación de cerramientos

De nuevo se debe prestar atención a la forma en que se edita la puerta. Para ello se incluye una ventana y se edita. Este paso es llevado a cabo haciendo clic en el botón derecho del ratón sobre la ventana y seleccionando el comando **Editar.**

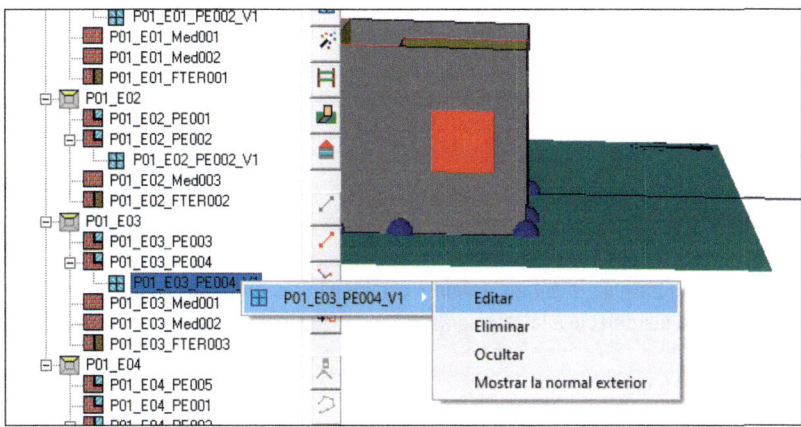

Menú de edición de la ventana

Tras ello se modifican los valores para que se adapten a los de la puerta. Así, en el campo correspondiente a la definición de hueco, se selecciona **Puerta** y se toman los valores Y = 0, ya que está a ras del suelo, y altura = 2.

De esta forma queda definida la puerta.

Panel de edición de la ventana

Actividades

5. Editar la ventana de la estancia menor cambiando las dimensiones que el *software* proporciona por defecto a las siguientes:

   ▪ Altura: 0,5 m.
   ▪ Anchura: 0,5 m.

A continuación se deberán definir los forjados, es decir, los techos y los suelos del edificio.

La manera más simple de realizarlo es por medio de la herramienta **Crear forjados automáticos,** en la cual el *software* asignará los forjados del suelo establecidos por defecto.

Para los techos se utiliza la herramienta **Crear forjados,** de forma que se indique que se quieren incluir los techos de la vivienda.

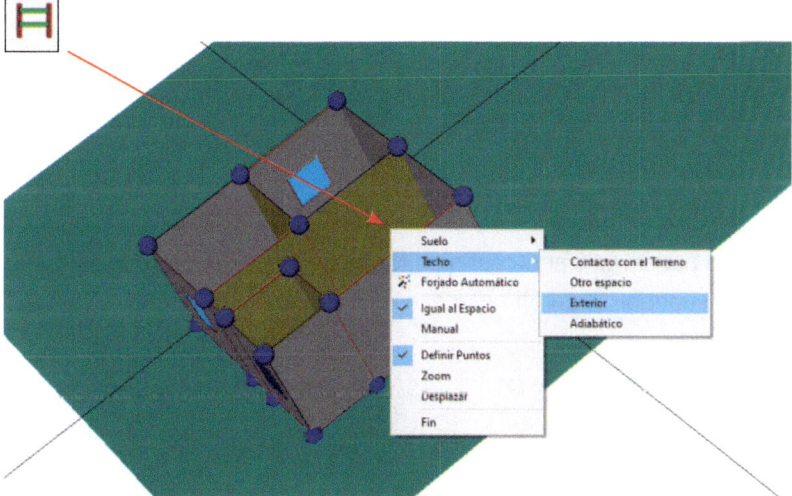

Selección del tipo de forjado a insertar

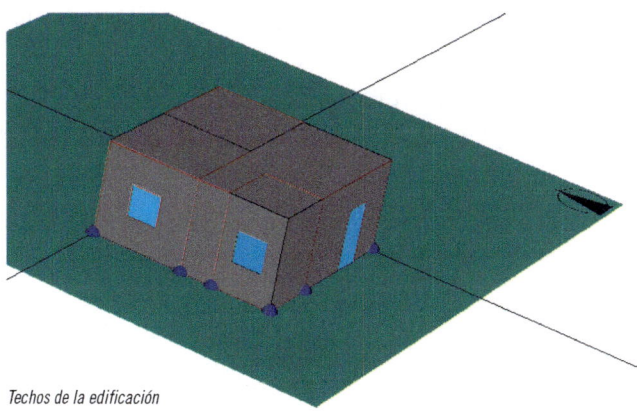

Techos de la edificación

Aplicación práctica

En el estudio del edificio se ha supuesto que el techo es plano horizontal. Se va a proponer una variante en la que se pretende realizar un tejado piramidal sobre el edificio cuyo vértice se encuentra en el centro de la planta a 1 m sobre el techo original.

Solución

Para implementar un elemento constructivo que no es ni horizontal ni vertical la aplicación proporciona la herramienta **Crear cerramientos singulares.**

Para poder realizar el techo en forma de pirámide hay que establecer el vértice superior. Para ello es necesario usar la herramienta **Línea auxiliar 3D.**

Una vez activada esta línea se dibuja una línea vertical desde la base del edificio a cota 0 hasta la altura del vértice a 4 m del techo.

Para realizarlo se hace clic en el punto donde se quiere colocar el vértice y se indican las cotas de los extremos en el cuadro de diálogo que aparece.

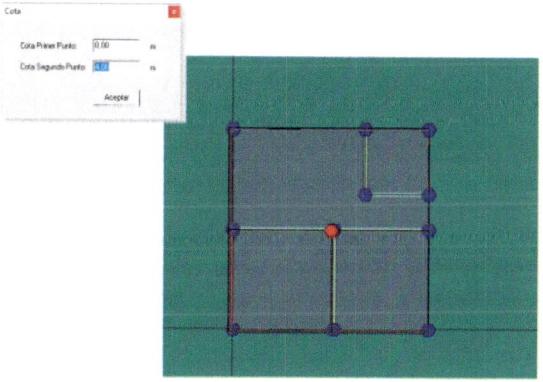

Introducción de los extremos de la línea 3D

Una vez indicado el extremo de los vértices, se pulsa [aceptar] y se obtiene la línea que servirá de referencia para la creación del techo.

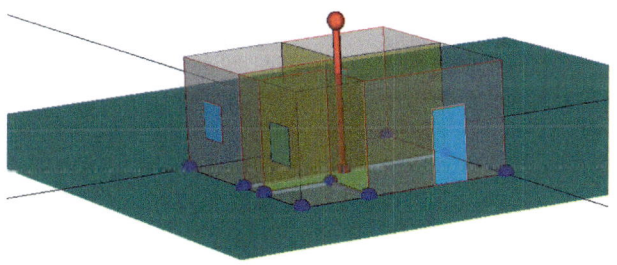

Línea auxiliar 3D

El siguiente paso consiste en seleccionar la herramienta **Crear cerramientos singulares** y seleccionar a su vez los vértices de tres en tres para conformar el tejado.

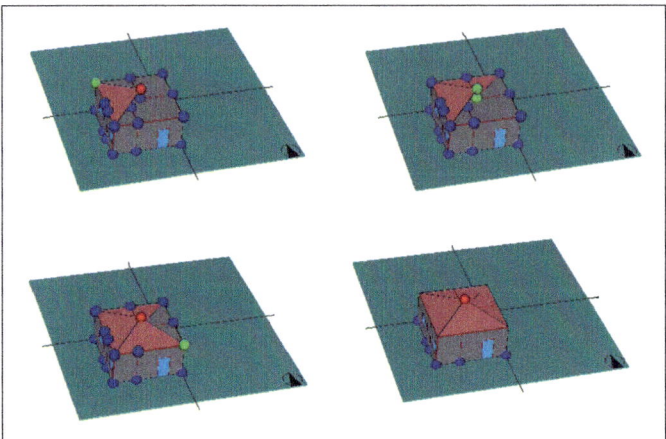

Realización del tejado

Actividades

6. Si el techo es triangular pero solo en el espacio más pequeño, siendo plano en el resto, ¿cómo se realizaría el tejado?
7. Hacer un diagrama de los pasos a seguir e imprimir la figura del edificio.

Antes de continuar debemos volver a la base de datos y recalcular los puentes térmicos. Mientras que no se realice este proceso el *software* no nos permitirá realizar los cálculos.

Para realizar los cálculos debemos pulsar el botón **CET HE-1.**

Tras realizar los cálculos el programa muestra un informe sobre el edificio cumple o no los requisitos básicos que establece el código técnico de la edificación como se muestra en la siguiente imagen:

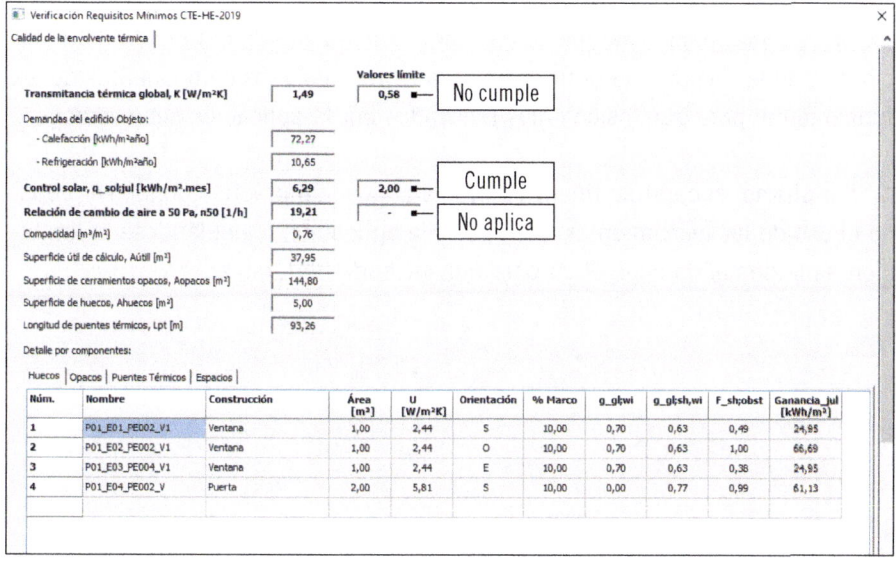

Resultado de los cálculos

7. Resumen

Un aspecto muy importante desde el punto de vista de la eficiencia energética de un edificio es tener una idea de la demanda energética que este necesita para mantener un ambiente confortable.

La limitación de la demanda energética es fundamental, estando además regulada por ley, lo cual hace imprescindible el uso de *software* especializados para cumplir las exigencias establecidas.

En este capítulo se ha realizado un estudio del principal *software* utilizado para el cálculo de la limitación de la demanda energética de edificios: Herramienta Unificada LIDER-CALENER (HULC).

Para ello se ha analizado el entorno de trabajo así como las principales funcionalidades de la aplicación. Entre ellas se destaca el uso de una amplia base de datos de materiales y productos que permite establecer las características de los materiales constructivos de forma eficiente.

Otro punto importante que se ha examinado ha sido la definición del edificio. Sin duda, la correcta definición de la estructura y los componentes del es fundamental para que los cálculos realizados por la aplicación sean veraces.

Por último, el capítulo finaliza con una aplicación práctica donde se propone el uso de las herramientas que aporta la aplicación, calculándose la limitación de la demanda energética para una vivienda unifamiliar.

Ejercicios de repaso y autoevaluación

1. ¿Cuál es el objetivo del programa de la Herramienta Unificada LIDER-CALENER?

_____
_____
_____
_____

2. La orientación del edificio se toma en referencia al...

    a. ... Norte.
    b. ... Sur.
    c. ... Este.
    d. ... Oeste.

3. ¿Cuál es el documento básico en el que se basa el *software* para el cálculo de la limitación de la demanda energética?

_____
_____

4. ¿Cuál de los siguientes no es un tipo de base de datos para utilizar en la Herramienta Unificada LIDER-CALENER?

    a. Base de datos del usuario.
    b. Base de datos del programa.
    c. Base de datos del edificio.
    d. Base de datos auxiliares.

5. Indique si las siguientes afirmaciones son verdaderas o falsas.

    a. La Herramienta Unificada LIDER-CALENER proporciona una amplia base de datos de materiales y productos de construcción.

        ☐ Verdadero
        ☐ Falso

b. Las puertas se incluyen como un tipo especial de cerramiento dentro del apartado de cerramientos y particiones.

☐ Verdadero
☐ Falso

c. Cuando se incluye un nuevo material siempre hay que indicar su resistencia térmica.

☐ Verdadero
☐ Falso

6. Explique mediante un diagrama cómo se incluiría un nuevo material constructivo del edificio que no se encuentre en la base de datos del programa.

_____
_____
_____
_____

7. Supóngase que se incorpora a las ventanas de un edificio en estudio un elemento de protección solar que consiste en un voladizo centrado con respecto a la ventana con una inclinación de 15º, una distancia a la parte superior del marco de 0,50 m y cuyas dimensiones son las siguientes:

▎ Anchura: 1,20 m.
▎ Profundidad: 0,8 m.

Cumplimente los datos de la siguiente imagen:

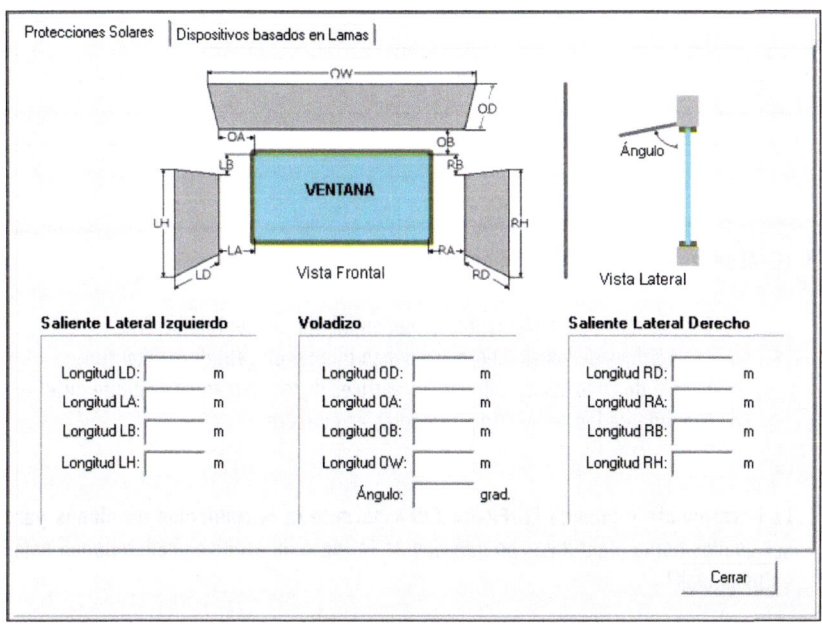

8. Relacione los elementos de la imagen siguiente con su correspondiente significado.

Añadir cerramientos

Añadir forjados automáticos

Añadir forjados

Sombras externas

Dibujo de planta

Dibujo de espacios

Elementos singulares

Añadir ventanas

9. ¿Qué tipos de elementos singulares permite añadir el programa?

_____

_____

_____

_____

10. ¿Cuál de las siguientes afirmaciones es cierta?

    a. Los vértices de los elementos se deben dibujar en sentido horario.
    b. Los vértices de los elementos se deben dibujar en sentido antihorario.
    c. El sentido en el que se dibujan los vértices de los elementos es indiferente.
    d. Ninguna de las respuestas anteriores es correcta.

11. La Herramienta Unificada LIDER-CALENER permite la introducción de planos para ser usados como plantillas, ¿en qué tipo de formato de archivo gráfico deben estar estos planos?

_____

_____

12. Indique el significado de los elementos de la siguiente barra de herramientas.

Vista en Planta
Alzado Y
Alzado -Y
Alzado X
Alzado -X

13. Describa el proceso de creación de una puerta en la Herramienta Unificada LIDER-CALENER.

_____

_____

14. **Si se le quiere decir a la aplicación que incluya un tejado inclinado por medio del comando de inserción de elementos singulares, ¿en qué herramienta habría que apoyarse?**

    a. Insertar vértices.
    b. Líneas auxiliares 2D.
    c. Líneas auxiliares 3D.
    d. Ninguna de las respuestas anteriores es correcta.

15. **Indique si las siguientes afirmaciones son verdaderas o falsas.**

    a. En la Herramienta Unificada LIDER-CALENER se obtiene como resultado un informe donde se indica si el edificio cumple o no la reglamentación.

        ☐ Verdadero
        ☐ Falso

    b. Si el edificio cumple la reglamentación se puede decir que está certificado energéticamente.

        ☐ Verdadero
        ☐ Falso

    c. La Herramienta Unificada LIDER-CALENER proporciona datos medios de demanda de calefacción y refrigeración del edificio.

        ☐ Verdadero
        ☐ Falso

Capítulo 3

Calificación energética mediante programas informáticos

Contenido

1. Introducción

En la actualidad, una gran parte del consumo energético se debe al producido en los diversos edificios que los ciudadanos utilizamos para multitud de fines, como son la propia vivienda, los colegios, los hospitales u otros servicios públicos, así como edificios del sector terciario dedicados al comercio en general.

Para poder controlar y disminuir el consumo energético de los diversos edificios que forman parte de nuestra vida es importante conocer cuál es su aportación a este consumo. En base a esto surgen los procedimientos de certificación energética de viviendas mediante los cuales se pretende dar una cualificación por medio de una etiqueta que indique cuánto es de óptimo el edificio desde el punto de vista del consumo energético que necesita para mantener el confort de los usuarios.

La legislación española establece el requisito de la certificación energética de edificios en el Real Decreto 390/2021, de 1 de junio, por el que se aprueba el procedimiento básico para la certificación de la eficiencia energética de los edificios.

Existen dos posibilidades para llevar a cabo la calificación energética de edificios. La opción general, mediante el uso de programas informáticos, y la opción simplificada, mediante la verificación del cumplimiento de los requisitos reglamentarios.

Como el objetivo de este texto es dotar al lector de los conocimientos necesarios para el uso de los programas informáticos relacionados con la certificación energética, este capítulo se centrará en el desarrollo de la opción general para la certificación.

Así, se estudiará con detalle el uso del programa CALENER, tanto en su versión para viviendas y pequeño terciario, la cual está incluida en la Herramienta Unificada LIDER - CALENER como un módulo más de la aplicación denominado (CALENER-VYP), y para gran terciario a partir de la aplicación CALENER-GT.

2. Limitaciones de la aplicación

En este texto se va a tratar la aplicación informática reconocida y de referencia para la realización de la certificación energética de edificios según la opción general. Esta es CALENER en sus dos versiones: VYP para viviendas y pequeño y mediano terciario y GT para gran terciario.

Es importante, antes de entrar en la operatividad de esta aplicación, conocer sus limitaciones tanto generales como de cada una de las versiones para tener una idea clara del contexto en el que han de ser utilizados.

CALENER está diseñado para la certificación energética de edificios de nueva construcción y existentes, sin embargo, es importante saber que, a la hora de llevar a cabo la certificación energética de edificios existentes, este *software* tiene algunas limitaciones, por lo que se ha procedido al diseño de procesos de certificación específicos para este fin.

Básicamente, se puede decir que estos procedimientos se centran en dos aspectos: la implementación de una nueva escala para la calificación energética de edificios existentes y la aplicación de métodos simplificados para la obtención de la calificación energética de estos edificios.

En cuanto a la nueva escala de calificación, esta queda descrita en el documento proporcionado por el Ministerio para la Transición Ecológica y el Reto Demográfico, y que se puede obtener en la página web del Instituto para la Diversificación y Ahorro de la Energía (IDAE) denominado Escala de calificación energética para edificios existentes.

Actividades

1. Descargar el documento Escala de calificación energética para edificios existentes de la pagina web del del IDAE y realizar un resumen de los aspectos más importantes en relación con la certificación energética de edificios existentes.

Por otro lado, en lo que respecta a la aplicación de métodos simplificados, es conveniente mencionar la existencia de dos aplicaciones validadas por el Ministerio y, por lo tanto, aconsejables para su uso en el proceso de certifica ción de edificios existentes.

Estas son CEX y CE3X, cada una de las cuales incorpora módulos específicos para llevar a cabo la certificación tanto de viviendas, como de pequeño, mediano y gran terciario.

3. Sistemas energéticos incluidos

En este punto es conveniente diferenciar entre dos enfoques distintos, uno usado en CALENER-VYP y otro en CLENER-GT.

3.1. Sistemas energéticos incluidos en CALENER-VYP

Se puede entender por **sistemas** el conjunto de equipos y unidades terminales que permite llevar a cabo la climatización y el calentamiento del agua sanitaria en una edificación.

Recuerde

Un sistema incluye tanto equipos como unidades terminales.

Los equipos y las unidades terminales son elementos físicos y tangibles de la instalación del edificio, sin embargo, los sistemas permiten que la aplicación conozca cómo operan o se controlan estos elementos físicos para llevar a cabo su función.

Otro punto importante que hay que tener claro es el ámbito en el que operan los diversos sistemas, es decir, sobre qué zonas o zona del edificio actúan. Podrán encontrarse sistemas que actúan sobre el edificio completo y sistemas que actúan sobre una parte concreta del edificio.

También será posible encontrar dos sistemas actuando sobre la misma zona.

Ejemplo

Un ejemplo de dos sistemas que actúan en una misma zona que se encuentra en multitud de viviendas podría ser, por una parte, un equipo que proporciona solo refrigeración a la vivienda por aire frío y, por otro, un sistema de calefacción por medio de un calefactor de resistencia eléctrica.

Las aplicaciones para certificación energética CALENER-VYP incluyen una base de datos con un conjunto importante de sistemas de calefacción, refrigeración y agua caliente sanitaria de uso común en los edificios actuales y de nueva construcción para viviendas y pequeño y mediano terciario.

Sin duda, esta base de datos no es completa, es decir, podrán existir otros sistemas que el usuario de la aplicación deberá modelar, ya sea usando los existentes o incluyéndolos como nuevos.

En este punto se van a comentar los principales sistemas incluidos en la aplicación:

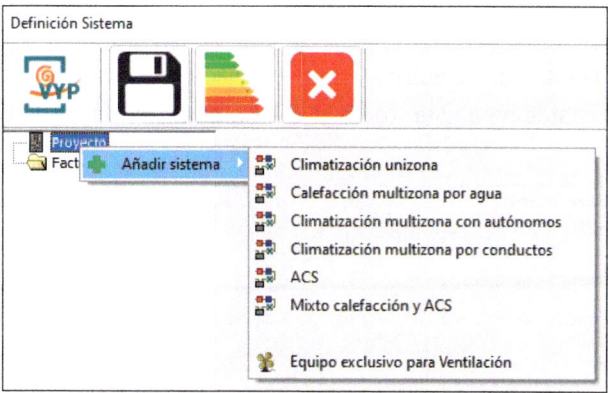

Sistemas de climatización unizona

En este tipo de sistemas se incluyen los sistemas que solo climatizan una zona en el edificio. Entre ellos se encuentran:

- **Sistemas de solo frío:** utilizados para la refrigeración de una zona concreta del edificio. En estos sistemas se deben incluir equipos de expansión directa en sus versiones de solo frío.
  En CALENER, el equipo proporcionado para formar parte de este sistema es el EQ_ED_AireAire_SF.

Propiedades básicas del equipo autónomo solo frío

■ **Sistemas de calefacción:** sistemas de calefacción autónomos donde se utiliza resistencia eléctrica como calefactor. El equipo incluido en la base de datos para este fin es el EQ_CalefacciónEléctrica.

Propiedades básicas del equipo autónomo solo frío

■ **Sistemas de calefacción y refrigeración:** sistemas cuyo objetivo es la climatización de la vivienda tanto en calefacción como en refrigeración. Los equipos que CALENER proporciona para ser incluidos en este sistema son:

▮ EQ1_Equipo_ideal: equipo ideal de calefacción-refrigeración manteniendo un rendimiento constante.

▮ EQ_ED_AireAire_BDC: equipos de expansión directa para refrigeración con bomba de calor para calefacción.

Propiedades básicas del Equipo de Expansión Directa Aire-Aire, Bomba de Calor

Actividades

2. Como se puede observar, CALENER-VYP permite la incorporación de diversos sistemas para calefacción y refrigeración. El alcance de este texto no permite hacer un estudio detallado de estos, pero es conveniente tener claro cómo son y cómo operan estos equipos. Buscar información en diversas fuentes y hacer un resumen de las principales características.

Sistemas de climatización multizona

A continuación se tratarán los sistemas utilizados para climatizar diversas zonas del edificio de forma simultánea.

Para ello, no solo será necesario un equipo de climatización en alguna de las categorías posibles, sino que por lo general se requerirá alguna unidad terminal:

- **Sistemas de solo frío:** como ocurría en los sistemas unizona, el sistema de climatización solo consiste en elementos que permiten la refrigeración de las diversas estancias de la edificación.
  De forma general, se puede decir que el sistema constará de un equipo de refrigeración por expansión directa, EQ_ED_AireAire_SF, y por unidades terminales de impulsión de aire en cada una de las estancias a climatizar, UT_Boca_impulsion.
  La conexión entre el equipo central y las unidades terminales se realizan por conductos adecuados.

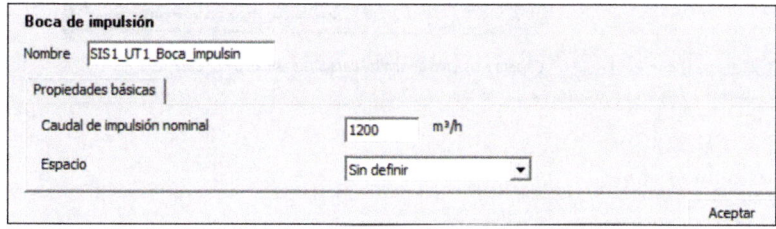

Propiedades básicas del Equipo de Expansión Directa Aire-Aire, Bomba de Calor

- **Sistemas de calefacción:** para implementar los sistemas de calefacción CALENER-VYP, se admiten dos combinaciones de equipos:

  ▎ Equipo de caldera: para calentar el agua que fluirá a una temperatura dada hacia las unidades terminales de agua caliente.

  En este punto es importante aclarar que CALENER-VYP ofrece diversas opciones de calderas a la hora de incluir el sistema de calefacción por agua caliente, como se muestra en la siguiente figura.

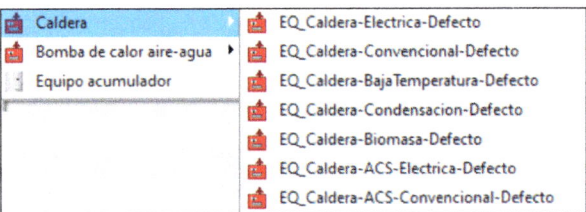

Tipos de calderas incluidas en la base de datos de CALENER-VYP

A continuación se muestra un ejemplo típico de sistema de calefacción compuesto por EQ_Caldera + UT_AguaCaliente se encuentra el suelo radiante.

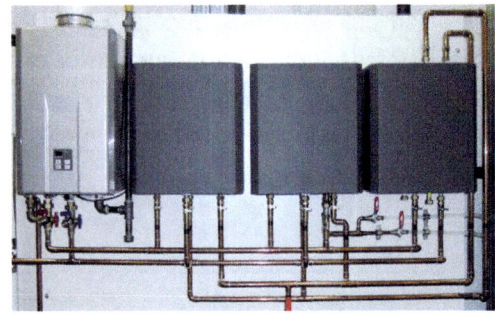

Caldera y sistema de control para suelo radiante EQ_Caldera

Estructura de un suelo radiante UT_AguaCaliente

▮ Equipo de expansión directa aire-agua con bomba de calor, EQ_ED_ AireAgua_BDC-ACS: para calentamiento del agua que recirculará por la instalación de calefacción y las unidades terminales de agua caliente, encargadas de proporcionar calefacción a la estancia concreta.

■ **Sistemas de calefacción y refrigeración:** para llevar a cabo tanto la calefacción como la refrigeración, los equipos que componen este sistema pueden ser encontrados en diversas configuraciones:

▮ Un equipo exterior de expansión directa para calefacción, EQ_ED_ UnidadExterior, y un conjunto de unidades terminales interiores de expansión directa para refrigeración, UT_ED_UnidadInterior.

Unidad interior de autónomo

Nombre | _Unidad_interior_de_autnomo

Propiedades básicas |

Capacidad total de refrigeración nominal	4,00	kW
Capacidad sensible de refrigeración nominal	2,60	kW
Capacidad calorífica nominal	4,00	kW
Caudal de impulsión nominal	1200	m³/h
Espacio	Sin definir ▾	

Aceptar

Propiedades básicas de la Unidad Terminal de Expansión Directa

▮ Sistema de climatización multizona por conductos: una unidad exterior de expansión directa con bomba de calor tanto para calefacción como para refrigeración, EQ_ED_AireAireBDC, y unidades terminales de impulsión, UT_BocaImpulsion, para la redistribución del aire climatizado en las diversas estancias.

Actividades

3. Buscar información técnica sobre los distintos tipos de calderas que hay en el mercado y establecer un cuadro-resumen con los parámetros principales entre los que deberán aparecer, como mínimo, el tipo de combustible, la potencia suministrada y el consumo.
4. Explicar qué entiende por una UT_BocaImpulsión y buscar o realizar una fotografía donde aparezca alguna.

Sistemas para proporcionar agua caliente sanitaria (ACS)

Al igual que para la climatización, los edificios contendrán sistemas para la producción de agua caliente sanitaria que consumirá energía. En CALENER, estos sistemas se pueden modelar como una instalación propia independiente del resto de sistemas o de forma mixta con algunos de los sistemas de calefacción que se han incluido.

Considerándola como instalación independiente, la producción de agua caliente puede ser llevada a cabo por medio de algún tipo de caldera, por medio de una instalación solar térmica o por medio de acumuladores eléctricos.

En general, cuando un sistema de ACS se basa en una instalación solar térmica, esta suele estar apoyada por otro sistema de calentamiento del agua, o solar o eléctrico.

Teniendo en cuenta esto, los sistemas que CALENER-VYP propone son:

- Un equipo de caldera, EQ_Caldera, más un equipo acumulador, EQ_Acumulador_ACS.
- Un equipo bomba de calor aire-agua, EQ_ED_AireAgua_BDC, más un equipo acumulador, EQ_Acumulador_ACS.

En cuanto a los sistemas mixtos donde se utilizarán los sistemas de calefacción para la producción de agua caliente sanitaria, se tendrán dos posibilidades:

- Un equipo de caldera, EQ_Caldera, más un equipo acumulador, EQ_Acumulador_ACS, más las unidades terminales de agua caliente, UT_AguaCaliente, que sean necesarias.
- Un equipo bomba de calor aire-agua, EQ_ED_AireAgua_BDC, más un equipo acumulador, EQ_Acumulador_ACS, más las unidades terminales de agua caliente que sean necesarias.

Factores de corrección

De momento se ha establecido un conjunto de sistemas compuestos por equipos y unidades terminales, sin embargo, un sistema no quedará completamente definido en CALENER-VYP hasta que no se incluyan sus factores de corrección.

 **Definición**

Factores de corrección
Conjunto de curvas o tablas que permite establecer el comportamiento de un equipo conforme varían sus magnitudes asociadas. Ejemplos de estas curvas son: la curva de funcionamiento de un equipo en función de la carga, las curvas de comportamiento de los equipos de calefacción o refrigeración en función de la temperatura exterior o interior, etc.

La aplicación incorpora en su base de datos un conjunto de factores de corrección para los equipos que esta incluye.

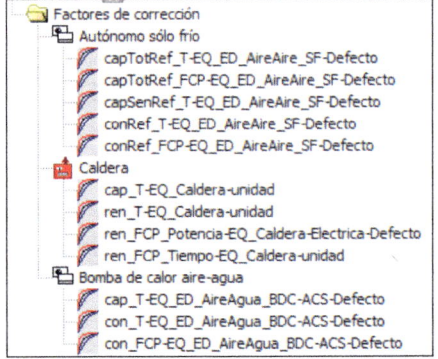

Factores de corrección incorporados en la base de datos de
CALENER-VYP

3.2. Sistemas energéticos incluidos en CALENER-GT

En cuanto a CALENER-GT, el tratamiento de los sistemas es algo distinto.

La aplicación diferencia entre subsistemas primarios y secundarios, de forma que dentro de los primarios se incluyen sistemas con calderas, torres de enfriamiento y plantas enfriadoras, mientras que los sistemas secundarios tienen en cuenta principalmente los equipos que permiten el flujo de aire como son ventiladores, baterías y conductos.

Subsistemas primarios en CALENER-GT

En la siguiente figura se muestran las diversas categorías de sistemas primarios que permite esta aplicación.

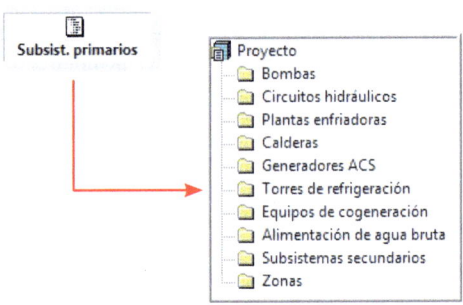

Sistemas primarios incluidos en CALENER-GT

Recuerde

Los subsistemas primarios son aquellos que están dotados de algún circuito hidráulico para el transporte de agua para la climatización.

Dentro de cada categoría se engloban los diferentes sistemas que acepta la aplicación.

Así, por ejemplo, dentro de la categoría de generación de ACS se pueden introducir tres sistemas:

- Generación de ACS por caldera de combustible.
- Generación de ACS por caldera eléctrica.
- Generación de ACS por bomba de calor.

Actividades

5. Examinar el documento técnico de CALENER-GT, documento que se instala junto con el *software* en la carpeta de instalación de este, y realizar un resumen con las propiedades más importantes de estos subsistemas.

Subsistemas secundarios en CALENER-GT

Como ya se ha comentado, los subsistemas secundarios son los encargados del tratamiento y la distribución del aire a las diversas estancias o zonas de la edificación.

Entre ellos se encuentran:

- Unidades de tratamiento del aire (UTA).
- Sección de humidificación.
- Zonas térmicas.
- Termostatos.
- Unidades terminales.
- Etc.

 Nota

Cuando la climatización del edificio se realiza por medio de sistemas que no impliquen el flujo de agua como medio portador del calor, solo se deben definir los subsistemas secundarios.

CALENER-GT establece el siguiente conjunto de sistemas secundarios:

- Autónomo de caudal constante.
- Solo ventilación.
- Autónomo de caudal variable.
- Autónomo de caudal variable y temperatura variable.
- Autónomo mediante unidades terminales.
- Autónomo BdC agua/aire en circuito cerrado.
- Todo aire caudal constante unizona.
- Todo aire caudal variable.
- Todo aire caudal constante.
- Todo aire doble conducto.
- Ventiloconvectores *(fancoil)*.
- Termoventilación.
- Solo calefacción por efecto Joule.
- Enfriamiento evaporativo.
- Climatizadora de aire primario.
- Solo calefacción por agua.

4. Consumo y emisiones

La certificación energética de la vivienda conlleva el cálculo del consumo energético en sus diferentes versiones, ya sea eléctrico o por medio de la combustión de algún tipo de combustible, el cual está íntimamente relacionado con la emisión de CO_2 al entorno.

 Sabía que...

Cada kWh eléctrico producido en una central térmica de carbón provoca la emisión de casi 1 kg de CO_2, mientras que si la central es de ciclo combinado las emisiones descienden a unos 0,4 kg de CO_2, siendo nula la emisión de CO_2 en centrales fotovoltaicas o eólicas.

El objetivo final es reducir y minimizar la emisión de CO_2, de forma que la contaminación ambiental se lleve a valores mínimos.

De esta manera, para la certificación energética de viviendas se marcan dos indicadores principales:

- Consumo energético medio del edificio en kWh/m^2.
- Emisiones anuales de CO_2 medidas en kg/m^2.

Como se observa, ambos indicadores están relacionados con la superficie útil de la vivienda y tienen en cuenta todos los elementos que intervienen en el balance energético del edificio.

Nota

Las emisiones de CO_2 que se producen a causa de la climatización y el uso de ACS de un edificio no tienen por qué generarse en el propio edificio. Por ejemplo, un calefactor eléctrico que usa electricidad de la red proporcionada por una compañía no genera directamente CO_2 en la vivienda, sin embargo, se producirá una generación de CO_2 en la central que produce dicha electricidad.

Los índices se calculan conforme al objetivo de mantener un ambiente confortable en el edificio objeto de estudio.

5. Resultados. Indicadores de etiquetado

Tanto para CALENER-VYP como para CALENER-GT, el resultado final del proceso de certificación energética es asignar una clase energética al edificio bajo estudio. Esta clase energética se organiza de acuerdo a una escala de siete letras, a cada una de las cuales le corresponde un color determinado.

Al edificio que cumpla con los requisitos de máxima eficiencia se le asignará la letra A, mientras que al menos eficiente se le asignará la letra G.

Como se puede deducir del punto anterior, esta valoración se realiza en función de la cantidad de CO_2 emitido relacionado con el consumo energético debido a las instalaciones de calefacción, refrigeración y agua caliente sanitaria de la edificación. Además, si el edificio pertenece al sector terciario, el consumo energético debido a la iluminación también será incluido.

De esta manera, el *software* CALENER proporciona como resultado un informe con su correspondiente etiqueta energética y tablas del consumo debido a los diferentes equipos que componen las instalaciones del edificio así como las emisiones de CO_2.

**Etiqueta de eficiencia energética de un edificio clasificado
según la cantidad de CO₂ emitido para la climatización**

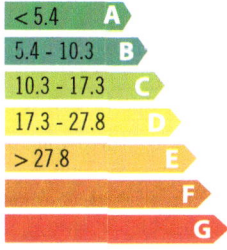

Además de la etiqueta energética, los *software* proporcionan un informe de los consumos energéticos y las emisiones de CO_2 relativos a los distintos elementos del edificio cuyo alcance dependerá de la versión del *software* utilizada.

	Clase	kWh/m²	kWh/año	Clase	kWh/m²	kWh/año
Demanda calefacción	E	504.8	19186.0	E	524.0	19914.7
Demanda refrigeración	E	29.2	1109.8	E	34.6	1315.0
	Clase	kgCO2/m²	kgCO2/año	Clase	kgCO2/m²	kgCO2/año
Emisiones CO2 calefacción	E	205.2	7798.7	E	167.7	6373.5
Emisiones CO2 refrigeración	E	13.6	516.9	E	13.2	501.7
Emisiones CO2 ACS	E	4.2	159.6	D	2.6	98.8
Emisiones CO2 totales			8475.2			6974.0

Tabla de consumo y emisiones

6. Aplicación práctica de la opción general en vivienda y pequeño terciario

Para la realización de la calificación energética de viviendas y pequeño terciario por la opción general, la aplicación informática de uso principal será CALENER-VYP.

El objetivo de esta aplicación práctica es que el lector adquiera los conocimientos básicos para empezar a trabajar en la aplicación.

Es importante haber estudiado el capítulo anterior, donde se hace un análisis de la Herramienta Unificada LIDER-CALENER (HULC), para el cálculo de la limitación de la demanda energética a partir del módulo CTE HE-1, ya que el módulo CALENER-VYP tomará los datos geométricos y constructivos que se introdujeron en dicho módulo para hacer sus cálculos.

Para llevar a cabo esta aplicación práctica, se partirá de la realizada en el capítulo anterior, donde se calculó la limitación de la demanda energética de una vivienda unifamiliar en la Herramienta Unificada LIDER-CALENER (HULC).

Una vez abierto el proyecto realizado, para acceder al módulo CALENER-VYP se debe pulsar el botón mostrado en la siguiente figura:

Acceso al módulo CALENDER-VYP

Básicamente, se incluyen dos funciones nuevas a las que se accede por medio de los botones correspondientes en la barra de herramientas superior.

Se debe tener claro que la forma de trabajar para realizar la cualificación energética de una vivienda o pequeño terciario, es que el proyecto se genera en la Herramienta Unificada LIDER-CALENER donde en el módulo establecido se introducen todos los datos de la geometría del edificio, y a partir de estos se accede al módulo CALENER-VYP.

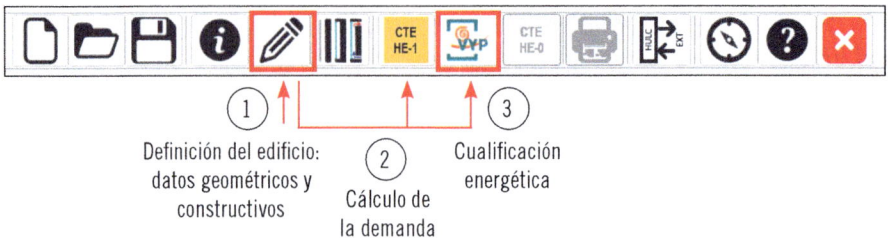

① Definición del edificio: datos geométricos y constructivos

② Cálculo de la demanda

③ Cualificación energética

Recuerde

CALENER-VYP está diseñado para llevar a cabo la cualificación energética de viviendas y pequeño o mediano terciario, pero no de un edificio perteneciente al gran terciario.

Teniendo en cuenta lo comentado con anterioridad, el primer paso para llevar a cabo esta aplicación práctica será abrir el proyecto realizado en la Herramienta Unificada LIDER-CALENER para el cálculo de la limitación de la demanda energética de la vivienda unifamiliar.

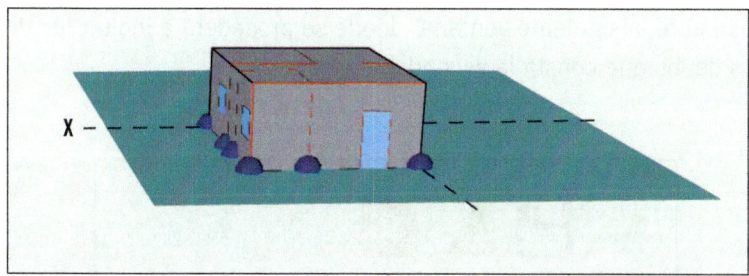

3D de la vivienda unifamiliar diseñada en LIDER

Una vez se han revisado los datos cargados en la aplicación, tanto desde el punto de vista de las características del edificio así como de sus materiales y definición, se pasará a introducir los sistemas de los que el edificio consta.

Nota

Es importante aclarar que dentro de la Herramienta Unificada LIDER-CALENER el módulo CTE HE-1 realiza los cálculos de la limitación de demanda energética, estableciendo si cumple o no la reglamentación, en función de las características constructivas del edificio.

Continúa en página siguiente >>

<< Viene de página anterior

Para poder obtener cuánto de eficiente es el edificio, lo cual es el objetivo del módulo CALENER-VYP, será necesario incluir los sistemas de refrigeración, calefacción, ventilación y ACS utilizados con el fin de dar el confort térmico requerido.

Como en esta aplicación la intención es analizar la eficiencia energética de una vivienda unifamiliar, no es necesario incluir los sistemas de iluminación en el cálculo. Si se estuviese tratando con un edificio pequeño o mediano terciario, sí sería necesario, lo cual será analizado en una aplicación práctica dentro de este punto más adelante.

Una vez se esté en el módulo CALENER-VYP, haciendo clic en el botón, la aplicación abre la siguiente ventana, donde se procederá a incluir los diversos sistemas de los que consta la vivienda.

Interfaz para la inserción de los sistemas de los que está dotada la vivienda

A la izquierda de la ventana mostrada se encuentra un árbol con dos elementos, uno denominado **Proyecto** donde se debe introducir los distintos sistemas que formarán parte de la aplicación práctica y otro denominado Factores de corrección. Como ya se comentó los diversos sistemas que incorpora el edificio, en este caso esta vivienda unifamiliar tendrá una serie de factores de corrección que permiten adaptar estos sistemas a situaciones concretas.

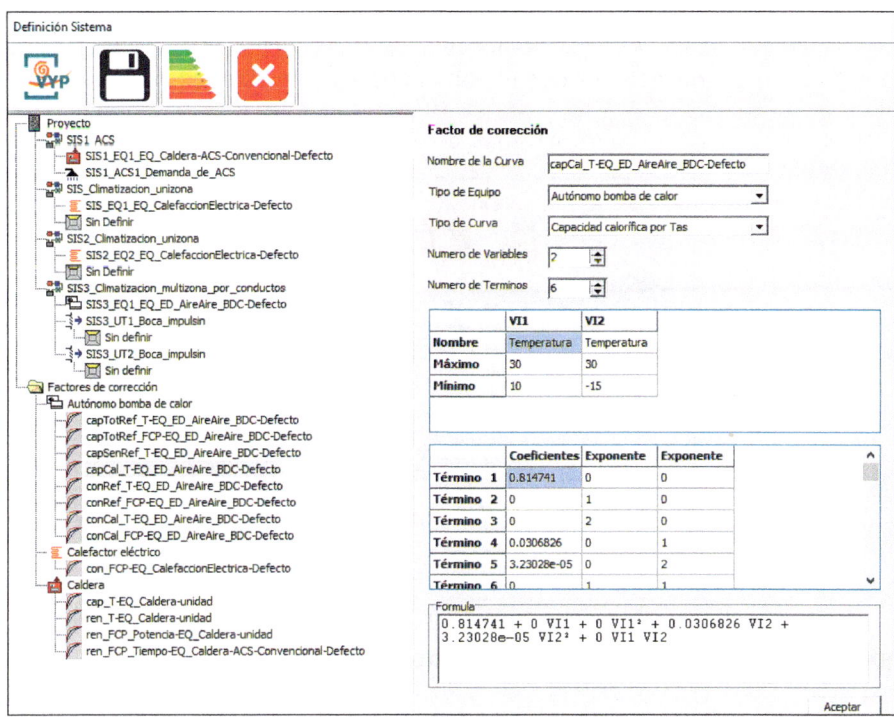

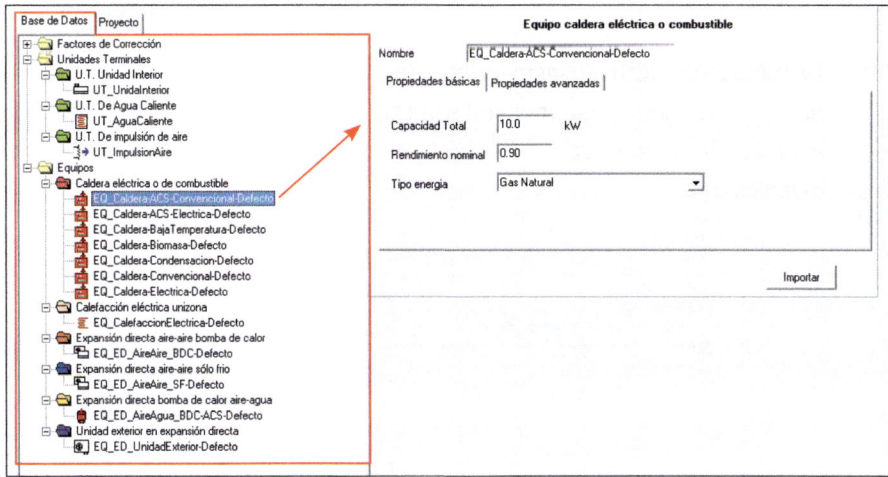

Bases de datos de sistemas incluidos en la aplicación por defecto

Como se ha comentado, en el directorio de Proyecto, se le indica a la aplicación qué equipos concretos que están instalados en el edificio. Estos se podrán obtener a partir de los equipos incluidos en la base de datos propia de la aplicación u otros equipos que el edificio posea y no estén incluidos.

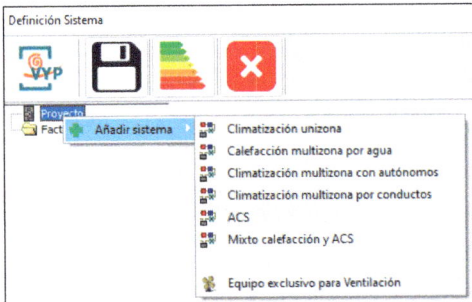

Pestaña Proyecto

En este punto es conveniente describir cada uno de los diversos elementos que aparecen en el árbol dentro del directorio **Proyecto.**

Para editar los diversos elementos del árbol se hará clic en el botón derecho del ratón:

- **Demanda de ACS:** en este punto hay que incluir en la aplicación la demanda de agua caliente sanitaria (ACS). De esta forma se tendrá una estimación de la energía gastada en el calentamiento del agua para sus diversos usos.

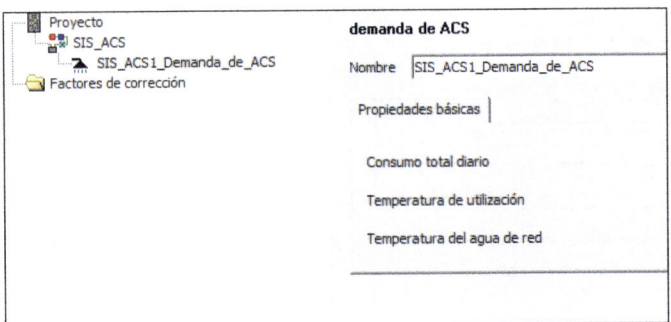

Demanda de ACS

Sobre el formulario hay que comentar que el *software* propone datos por defecto que se tendrán que modificar con los valores reales para el edificio en estudio. Además, será necesario incluir el nombre, ya que, al igual que ocurrirá en el resto de equipos y sistemas, este es una referencia para poder saber en todo momento a qué elemento del edificio en estudio se está refiriendo la aplicación.

Una vez introducida la demanda es posible eliminarla haciendo clic con el botón derecho del ratón sobre esta.

Eliminar la demanda de ACS

■ **Equipo exclusivo para ventilación:** en CALENDER-VYP cuando se realiza la cualificación energética sobre un edificio residencial es necesario incluir un equipo exclusivo de ventilación. Para incluirlo desde el directorio de Proyecto haciendo clic en el botón derecho ratón se selecciona el equipo exclusivo de ventilación en el menú desplegado.

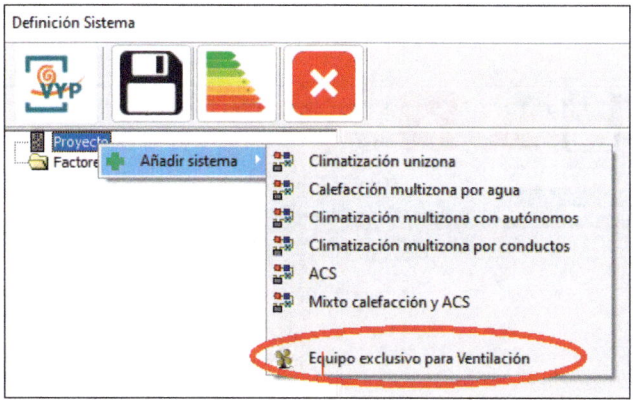

Unidades terminales

Una vez el sistema de ventilación es añadido al proyecto, será necesario definir los datos de este lo que se realiza dentro del correspondiente cuadro de diálogo.

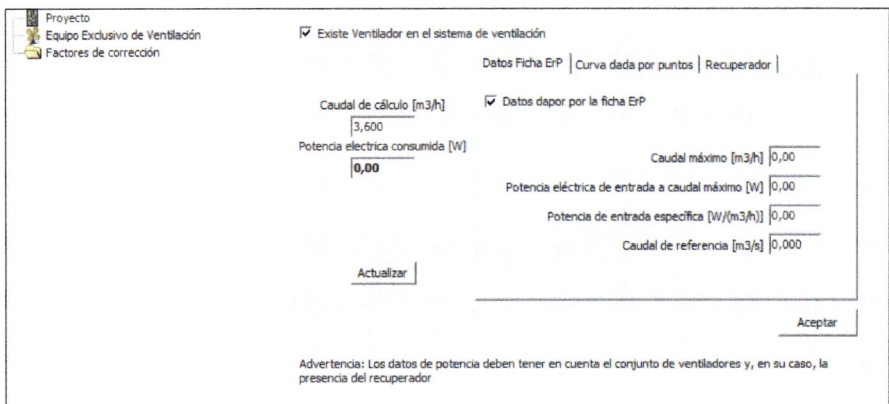

- **Equipos:** el siguiente elemento a introducir en el proyecto serán los equipos que configuran los diversos sistemas que el edificio contiene. Se deberá incluir un equipo determinado de la base de datos de la aplicación para lo que se deberá añadir un sistema de los preestablecido, el cual agrupa los distintos equipos que hacen funcionar este sistema, y tras ello seleccionar el equipo correspondiente.

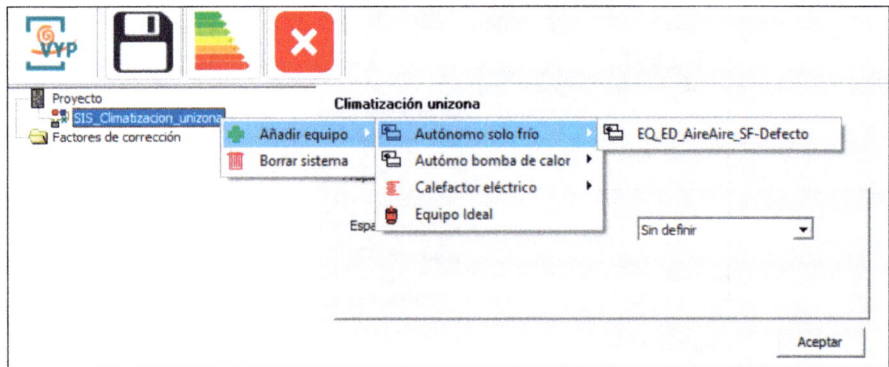

Inserción de equipos en CALENER-VYP

- **Sistemas:** agrupan los equipos con sus correspondientes factores de corrección. Así, una vez definidos los sistemas de acondicionamiento térmico de la edificación objeto del análisis se establecen los equipos que conforman estos sistemas según categorías posibles.
- **Factores de corrección:** otro elemento que debe siempre tenerse en cuenta son los factores de corrección. Cuando los sistemas han sido configurados a partir de equipos de la base de datos de la aplicación, estos factores se importan automáticamente en correspondencia con el equipo. Si el equipo no se ha tomado de la base de datos, ha debido ser definido previamente. Para definir el factor de corrección de un equipo concreto será necesario acudir a los datos y las curvas que proporciona el fabricante.

Actividades

7. Realizar una tabla comparativa de los distintos equipos que incorpora la aplicación para el sistema de ACS.

Volviendo a la aplicación práctica, como se comentó, lo primero será analizar y definir los sistemas incluidos en la vivienda.

Echando un vistazo hacia atrás, la vivienda unifamiliar objeto de estudio constaba de una planta cuadrada con cuatro zonas con las superficies que se comentan a continuación:

- Un salón de 16 m^2.
- Una cocina de 9 m^2.
- Un dormitorio de 9 m^2.
- Un cuarto de baño 4 m^2.

Para aclimatar las diversas zonas, la vivienda consta de:

- **Dos sistemas monozona:** que climatizan el baño y la cocina por medio de calefactor de resistencia eléctrica y sin sistemas de refrigeración.
  Ambos equipos de calefacción tienen una potencia nominal de 2 kW y un consumo nominal de 2 kW. En cuanto a las propiedades avanzadas, se dejarán por defecto las que proporciona la aplicación.
- **Un sistema multizona:** para acondicionar el salón y el dormitorio se utilizará un equipo de expansión directa con bomba de calor que permite tanto la refrigeración como la calefacción de estas dos zonas de la vivienda. Para que el sistema funcione correctamente se necesitarán dos unidades terminales de impulsión de aire.
  Las características del equipo de expansión directa son las siguientes:

  - Capacidad total de refrigeración nominal: 5 kW.
  - Capacidad sensible de refrigeración nominal: 3,25 kW.
  - Consumo de refrigeración nominal: 2 kW.
  - Capacidad calorífica nominal: 5 kW.
  - Consumo de calefacción nominal 2 kW.
  - Caudal de impulsión nominal: 1.500 m^3/h.

  En cuanto a las unidades de impulsión de aire, ambas se caracterizan por un flujo de impulsión de 1.500 m^3/h.

La producción de agua caliente sanitaria (ACS) es llevada a cabo por medio de una caldera mural convencional específica para tal fin. Se supondrá que no hay contribución de energía solar para el sistema de ACS, así como la inexistencia de equipo acumulador.

Las propiedades de esta caldera son:

- **Combustible:** gas natural.
- **Capacidad total:** 10 kW.
- **Rendimiento nominal:** 0,85.

En cuanto a las propiedades avanzadas, se dejarán las que aparecen por defecto en la aplicación.

A partir de estos datos los equipos a utilizar están incluidos en la base de datos del *software,* de forma que la configuración de los sistemas es:

- EQ_CalefacciónEléctrica-Defecto.
- EQ_CalefacciónEléctrica-Defecto.
- EQ_ED_AireAireBDC + 2 UT_ImpulsiónAire.
- EQ_Caldera-ACS-Convencional-Defecto.

Una vez definidos los sistemas se deben introducir en la aplicación.

6.1. Cálculo de la demanda de agua caliente sanitaria

El primer paso consiste en establecer la demanda de agua caliente sanitaria.

Para ello se cumplimenta el cuadro de diálogo dejando los datos que aparecen por defecto, ya que estos son estimados por la aplicación según los datos introducidos para la vivienda y los criterios reglamentarios, de forma que simplemente se indicará el nombre de la demanda de ACS para este análisis, y el consumo total diario tras lo cual se pulsa el botón **Aceptar** para que sea introducido en la aplicación.

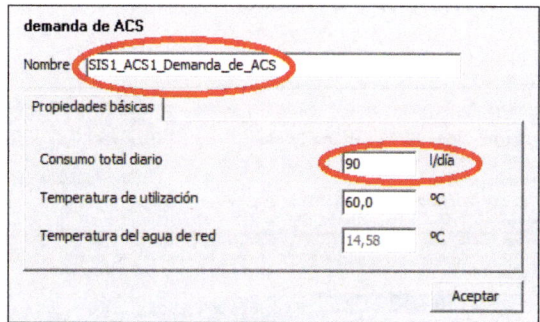

Definición de la demanda de ACS de la vivienda unifamiliar

Actividades

8. Teniendo en cuenta las medidas de su vivienda, ¿cuál sería la demanda de agua caliente?
9. En el documento básico CTE HE1 se establece un método de cálculo alternativo por medio de tablas en las que se vincula el consumo de ACS con el número de personas y las dimensiones de la vivienda. Analizar este documento y particularizar los cálculos al caso de su vivienda.

6.2. Inserción de unidades terminales en el proyecto

Tras indicar la demanda se deberán incluir las unidades terminales y los equipos que componen los sistemas. En principio, todos los equipos propuestos para la vivienda están en la base de datos y, por lo tanto, la forma de añadirlos es importándolos.

La única unidad terminal que se tiene en la vivienda es la de impulsión de aire del sistema de refrigeración-calefacción del salón y el dormitorio.

Para importarla, haciendo clic en el botón derecho del ratón se proporciona un menú donde se deberá elegir la unidad.

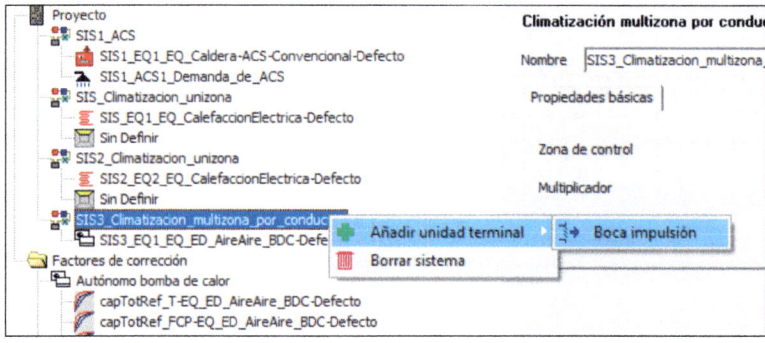

Importación de la unidad terminal de impulsión de aire

Para la unidad de impulsión de aire se dejan los datos que la aplicación proporciona por defecto.

Actividades

10. Buscar en diversas fuentes qué son, fabricantes y parámetros característicos de las unidades de impulsión de aire para climatización de viviendas y realizar un resumen.

6.3. Inserción de equipos en el proyecto

Una vez se han incluido los sistemas en el proyecto, el siguiente paso será importar los equipos de los que constan las diversas instalaciones del edificio. Al igual que antes, haciendo clic en el botón derecho del ratón, sobre **Equipos** se mostrará un menú con las diversas opciones.

Como se comentó en el enunciado, habrá que añadir dos equipos, EQ_ CalefacciónEléctrica-Defecto, que inicialmente se supondrán iguales para las zonas de la cocina y el baño.

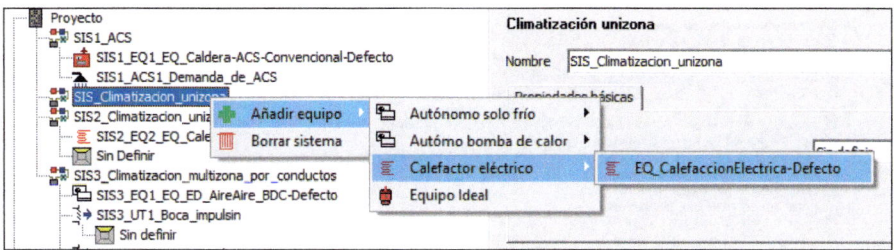

Importación del equipo de calefacción eléctrica

Al hacer clic sobre Equipo para incorporarlo, automáticamente se incorporan los factores de corrección en el correspondiente directorio del árbol de proyecto. Es decir, que hay un factor de corrección asociado al equipo que será importado para que los cálculos sean correctos.

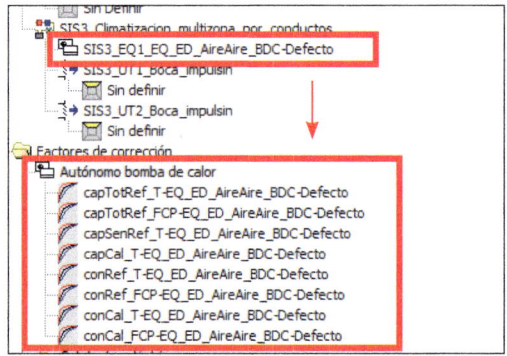

Inserción del equipo y su correspondiente factor de corrección al proyecto

De la misma forma, se continúa introduciendo el resto de equipos que están instalados en la vivienda, indicando el valor de los parámetros dados en el cuadro de diálogo que aparecerá al hacer clic sobre el botón derecho del ratón, de forma que al final deben aparecer en el árbol del proyecto todos ellos.

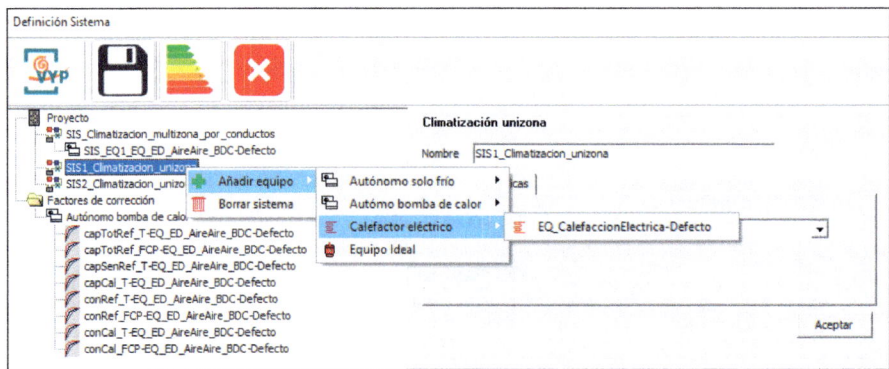

Equipos a importar para indicarle a la aplicación los sistemas de climatización de la vivienda

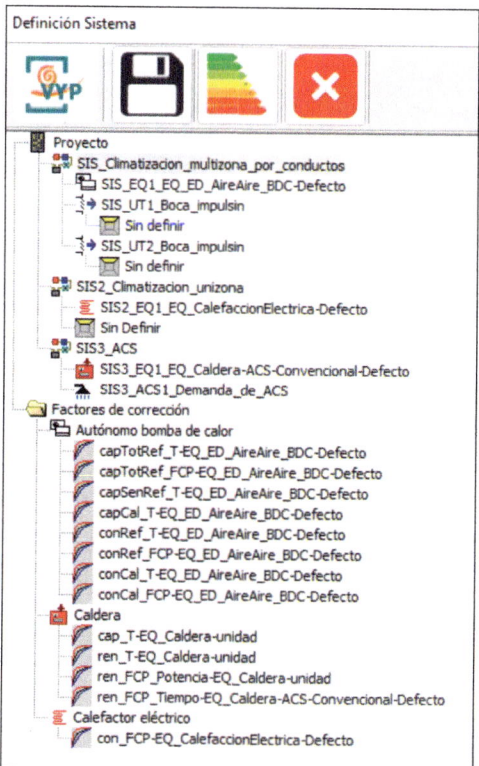

Árbol del proyecto donde se incluyen la demanda de ACS, las unidades terminales y todos los equipos y factores de corrección del edificio

6.4. Configuración de los sistemas

Por último habrá que asociar los sistemas con su ubicación y finalizar su configuración. Para indicar la ubicación sobre la que actúa el sistema correspondiente se selecciona el correspondiente sistema del árbol y en la ventana de diálogo que aparece se le indica la ubicación en la que se encuentra.

Hay que tener en cuenta que las distintas ubicaciones fueron definidas en un paso previo en la Herramienta Unificada LIDER-CALENER.

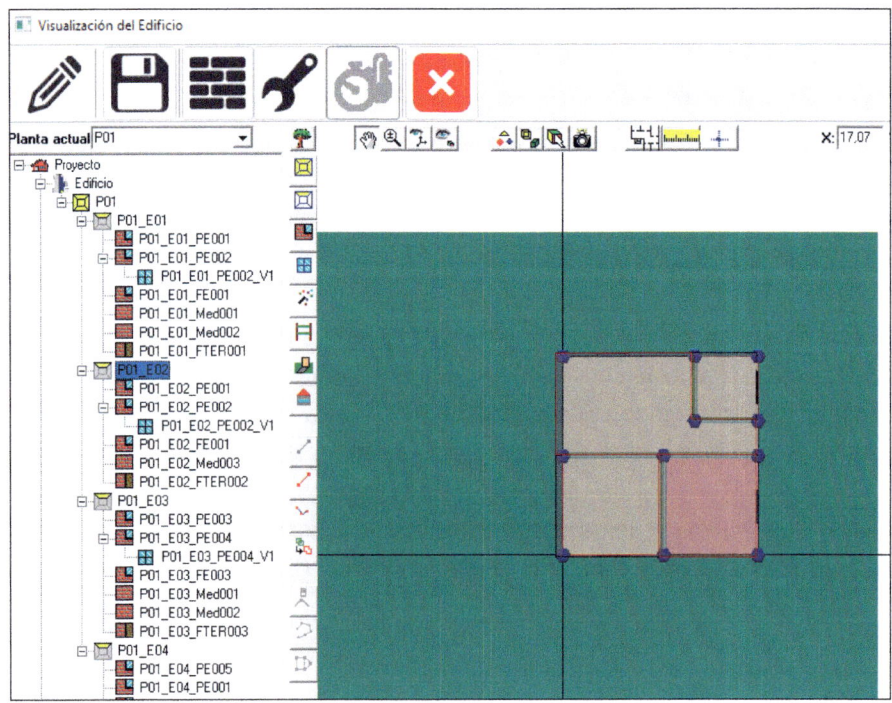

Introducción de sistemas al proyecto del edificio

Cada sistema del proyecto vendrá caracterizado por un nombre, los equipos que lo componen y la zona a la que afecta. Se debe tener en cuenta que, dependiendo del tipo de sistema, los datos a cumplimentar pueden ser más.

Para conocer cuál es cada zona, es conveniente examinar el modelo 3D, de forma que se puedan asignar los sistemas a cada zona correctamente.

Introducción de sistemas al proyecto del edificio

En el caso de esta aplicación se tienen dos sistemas de climatización unizona, cada uno de los cuales consta de un EQ_CalefacciónEléctrica-Defecto: uno de ellos situado en la cocina, el cual se corresponde con la zona según el modelo 3D, P01_E02, y el otro en el baño, que se corresponde con la zona P01_E02.

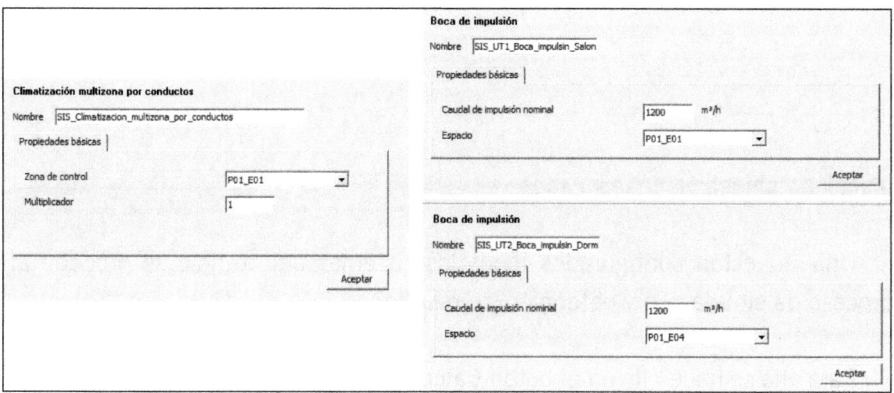

Formulario de introducción de datos para el sistema de climatización monozona

La climatización del salón, P01_E04, y el dormitorio, P01_E01, se realizará por medio de un sistema de climatización multizona por conductos en la que se incluyen dos unidades terminales de impulsión de aire y un equipo de expansión directa aire-aire con bomba de calor (EQ_ED_AireAireBDC + 2 UT_ImpulsiónAire).

Formulario de introducción de datos para el sistema de climatización multizona

Por último, habrá que configurar el sistema de ACS, el cual está dotado de un equipo caldera convencional para ACS, EQ_Caldera-ACS-Convencional-Defecto, dentro del cual podría estar un termo de gas natural.

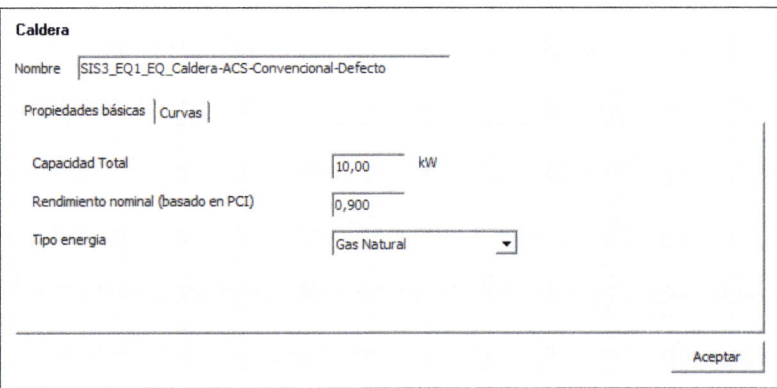

Formulario de introducción de datos para el sistema de ACS

Actividades

11. Realizar una descripción de los sistemas que encuentre en su hogar e incluir un resumen con diagramas y datos de las características de los equipos y las unidades terminales que se incluyan.

Cálculos y obtención de resultados

Una vez están configurados todos los sistemas del edificio se procede al proceso de simulación y obtención de resultados.

Para ello se hace clic en el botón **Calcular consumo.** Calificar, de forma que el *software* realiza los cálculos correspondientes para obtener los resultados.

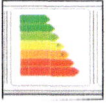

Tras realizar los cálculos se muestra un mensaje que indica que se pueden ver los resultados en el módulo CTE-HC0 que se activará para tal fin.

Además se activa otro módulo nuevo en la ventana principal de la aplicación que permitirá obtener el informe de los resultados en un documento pdf.

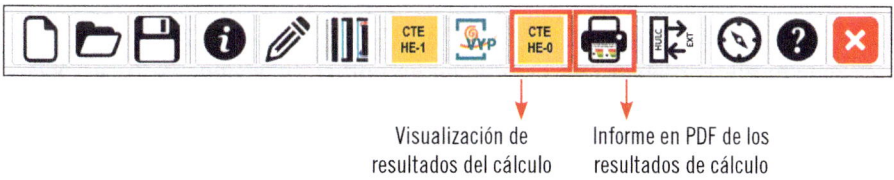

Visualización de resultados del cálculo | Informe en PDF de los resultados de cálculo

El informe que proporciona el módulo CTE_HE0 indica, por un lado, el resultado de la verificación de los límites, informando sobre su cumplimiento de los requisitos establecidos en los documentos HE0 - Limitación del consumo energético, HE4 - Contribución mínima de energía renovable para cubrir la demanda de agua caliente sanitaria y HE5 - Generación mínima de energía eléctrica procedente de fuentes renovables.

Por otro lado, accediendo en otra pestaña de la misma ventana, indica los resultados de la demanda, consumos y emisiones.

Verificación Requisitos Mínimos CTE-HE-2019

Verificación de Límites HE0, HE4 y HE5 | Resultados de demandas, consumos y emisiones

		Calefacción	Refrigeración	A.C.S.	Ventilación	Iluminación	Otros
Demanda, D	kWh/m²año	53,90	12,15	60,88	-	-	-
Energía Final, C_ef	kWh/m²año	60,54	9,99	72,43	295,36	0,00	-
Energía Primaria Total, C_ep;tot	kWh/m²año	122,96	23,65	86,55	699,42	0,00	-
Energía Primaria No Renovable, C_ep;nren	kWh/m²año	89,41	19,52	86,19	577,14	0,00	-
Energía Primaria Renovable,C_ep;ren	kWh/m²año	33,56	4,14	0,36	122,28	0,00	-
Emisiones, E_CO2	kgCO2/m²año	15,16	3,31	18,25	97,76	0,00	-

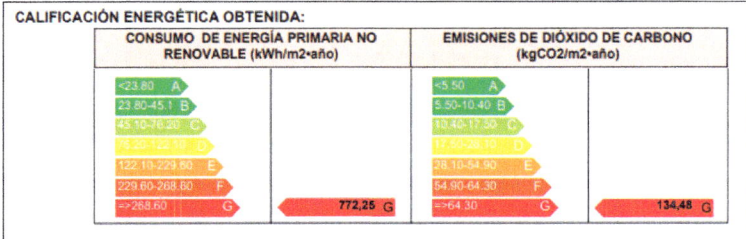

Tablas de consumo y comparativa con el edificio de referencia

6.5. Aplicación práctica de inserción de datos de iluminación para el edificio actual

Como el edificio objeto de estudio es un edifico de viviendas, no es necesario incluir los sistemas de iluminación en él, sin embargo, en caso de que se pretenda certificar un edificio pequeño o mediano terciario, será necesario indicar estos sistemas en el análisis.

Por ello se propone como aplicación práctica la inserción de datos de iluminación para el edificio actual.

Para ello se supondrá que en todas las zonas se dan los mismos parámetros para la instalación del sistema de iluminación, siendo sus datos:

- **Potencia instalada de iluminación:** 4,4 W/m^2.
- **VEEI:** 7 W/(m^{2}100lux).
- **VEEI límite según CTE-HE3:** 10 W/(m^{2}100lux).

Donde VEEI es el valor de eficiencia energética de la instalación del edificio.

Se supondrá además que el edificio tiene una intensidad baja durante 12 horas, es decir, el edifico permanecerá abierto 12 horas al día con una ocupación baja.

Solución

Como el edificio actual es de viviendas, el *software* no da la opción de introducir datos de iluminación. De esta forma, el primer paso será cambiar el tipo de edificio de vivienda a pequeño o mediano terciario. Para hacer esto hay que entrar en el panel correspondiente a la descripción del edificio y cambiar el valor de **Vivienda unifamiliar** a **Edificio sector terciario, pequeño o mediano.** Además, habrá que cambiar también los datos de **Tipo de uso** indicándole al *software* una intensidad que para esta aplicación práctica se puede considerar **Intensidad Baja – 12 h.**

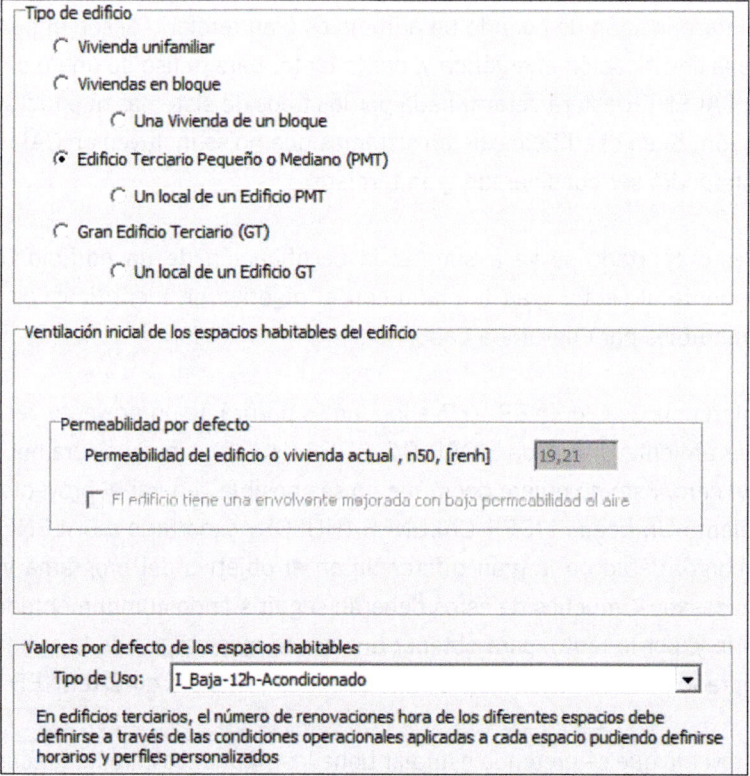

Cambios en la descripción del edificio de vivienda unifamiliar a edificio sector terciario, pequeño o mediano

7. Aplicación práctica de la opción general en gran terciario

Como se ha comentado, para la certificación energética por la opción general de un edificio gran terciario se hará uso de la aplicación informática CALENER-GT.

Recuerde

Nunca debe usarse CALENER-GT para la certificación de viviendas.

La determinación de cuándo un edificio es gran terciario desde el punto de vista de la certificación energética y, por lo tanto, para el uso de una u otra versión de CALENER estará determinada por los tipos de sistemas que incluyen la edificación. Si en el edificio existen sistemas que no se incluyen en CALENER-VYP, este podrá ser considerado gran terciario.

En este apartado se va a simular la certificación de un edificio ficticio perteneciente al sector gran terciario con el objetivo de identificar los pasos imprescindibles para llevarla a cabo.

A diferencia de CALENER-VYP, ahora no se partirá de un proyecto generado en la Herramienta Unificada LIDER-CALENER (HULC), sino que será necesario partir de cero. Esto no quiere decir que no sea posible generar el proyecto en la Herramienta Unificada LIDER-CALENER (HULC) y exportarlo a CALENER-GT, sin embargo, debido a la gran diferencia en el objetivo del programa y a los datos necesarios, muchos de estos deberán seguir siendo cumplimentados por el usuario y, por lo tanto, para obtener una visión más amplia de la aplicación, se ha optado por comenzar un proyecto desde el principio en CALENER-GT.

El proyecto que se pretende estudiar tiene las siguientes características: edificio destinado a oficinas, situado en Córdoba capital, en la Avda. de la Araña.

Plano básico del edificio de oficinas

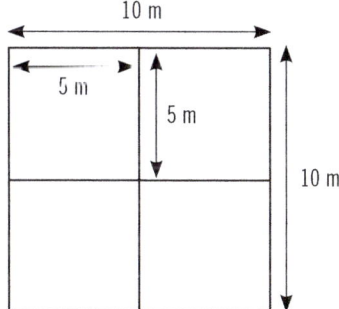

El edificio estará constituido por una única planta en la que se albergan cuatro oficinas como se muestra en la imagen. Cada oficina se considera una zona térmica diferente.

La forma de la planta del edificio es cuadrada, con una superficie de 100 m² y con sus paredes orientadas en cada una de las cuatro direcciones básicas: Sur, Norte, Este y Oeste.

Todas las oficinas son iguales, cada una de 25 m².

Los materiales utilizados para esta construcción son:

■ **Cerramiento exterior: cinco capas.**

  ❚ Mortero monocapa.
  ❚ Ladrillo hueco.
  ❚ Espuma elastomérica.
  ❚ Ladrillo perforado.
  ❚ Enlucido con yeso perlita.

■ **Cerramiento interior: tres capas.**

  ❚ Enlucido de yeso.
  ❚ Ladrillo hueco.

- **Cubierta:**

  - Teja de arcilla.
  - Impermeabilizante con fieltro de betún.
  - Mortero de cemento.
  - Forjado de hormigón.
  - Enlucido de yeso.

- **Suelo:**

  - Suelo coherente humedad natural.
  - Forjado de hormigón.
  - Mortero de cemento.
  - Terrazo de media densidad.

Cada oficina consta con dos ventanas y una puerta exterior.

Las propiedades de los acristalamientos usados en las ventanas son:

- **Factor solar:** 0,870.
- **Transmitancia térmica:** 5,9 W/(m^2·K).
- **Transmitancia visible:** 0,91.

Definición

Transmitancia visible
Parámetro del acristalamiento que da una idea del porcentaje de radiación solar correspondiente a luz visible que atraviesa el acristalamiento, siendo un parámetro necesario para el cálculo de las necesidades de luz artificial.

En cuanto a la climatización, el edificio consta de un sistema para calefacción que está constituido por una caldera para el circuito de agua caliente con paneles radiantes en cada oficina.

Esquema sistema de calefacción

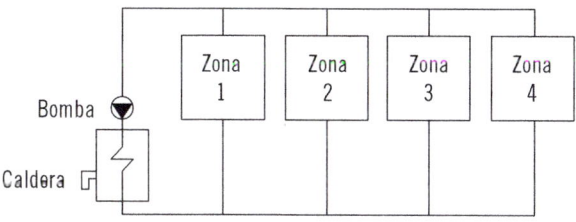

Las características de la caldera son:

- **Potencia nominal:** 100 kW.
- **Rendimiento térmico:** 90 %.
- **Incremento de temperatura de diseño:** 10 ºC.
- **Temperatura de salida de agua:** 60 ºC.

La potencia de los paneles radiantes es de 4 kW.

La refrigeración se realiza por medio de un sistema de aire que es acondicionado en una UTA compuesta por una batería de frío y un ventilador con las siguientes características:

- **Ventilador:**

  - Caudal: 15.000 m³/h.
  - Potencia: 9 kW.

- **Batería de frío:**

  - Potencia total: 60 kW.
  - Potencia sensible: 55 kW.
  - Salto de temperatura del agua: 5 ºC.
  - Mínima temperatura de impulsión: 15 ºC.

Esquema del circuito de agua fría

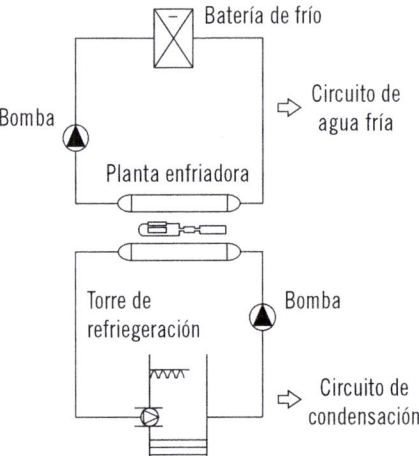

El edificio está dotado de una instalación solar térmica que le proporciona una contribución del 50 % al ACS. El otro 50 % de ACS es producido a partir de una caldera eléctrica con las siguientes especificaciones:

- **Potencia nominal:** 2 kW.
- **Rendimiento eléctrico:** 100 %.
- **Volumen del depósito:** 100 l.
- **Panel solar:** 10 m².
- **Energía cubierta:** 50 %.

El horario de ocupación de las oficinas es de lunes a viernes de 7:00 a 15:00 horas con dos periodos de vacaciones que van desde el 22 de diciembre al 7 de enero, vacaciones navideñas, y del 1 al 31 de agosto, vacaciones de verano.

El primer paso del proceso será crear un nuevo proyecto. Al ejecutar la aplicación se muestra un cuadro de diálogo donde se indica si se quiere abrir un proyecto reciente, un proyecto ya existente o crear uno nuevo. La tercera opción es la que debe ser escogida.

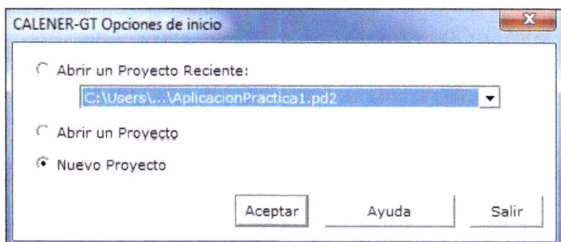

Creación de un proyecto nuevo en CALENER-GT

Una vez creado, el primer paso debe ser guardarlo con un nombre adecuado.

Dentro del proyecto, CALENER-GT presenta una interfaz para gestionar todos los elementos del mismo.

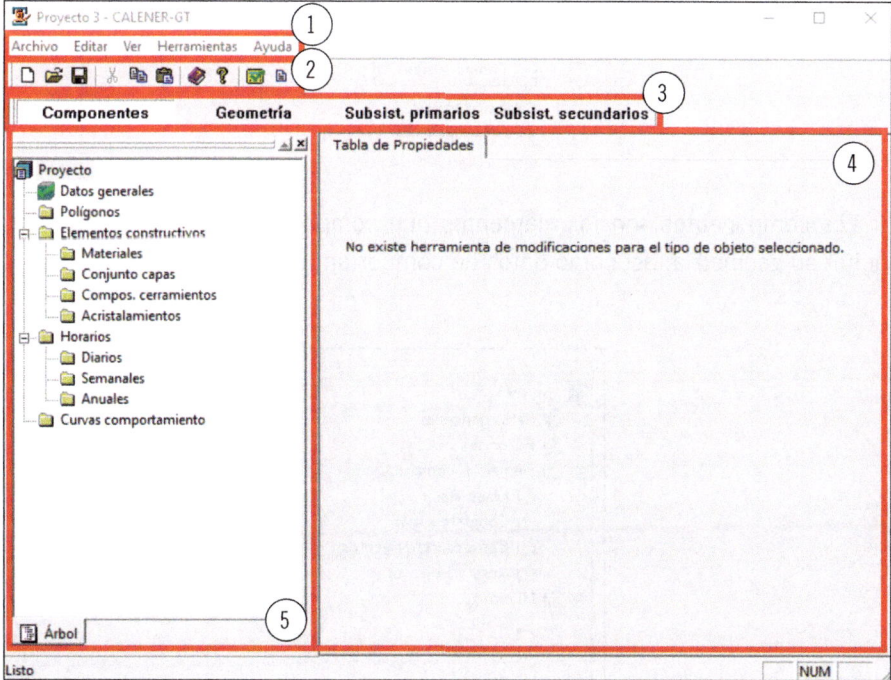

Interface CALENER-GT

Los distintos elementos de la interfaz son:

1. Barra de menús.
2. Barra de herramientas.
3. Barra de navegación.
4. Panel de revisión.
5. Árbol de objetos.

El proceso para la certificación comienza con la definición del edificio. Los distintos elementos que definirán el edificio se introducirán por medio de los apartados a los que se accede a partir de la barra de navegación.

De esta manera, el primer punto a definir para el edificio objeto de esta aplicación son los componentes.

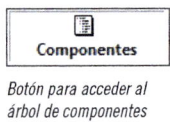

Botón para acceder al árbol de componentes

Los componentes son los elementos que componen el edificio físico, sin incluir su geometría, así como datos de comportamiento e informativos.

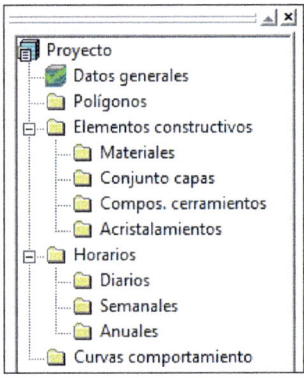

Árbol de componentes

Se empieza entonces cumplimentando los datos generales, haciendo doble clic sobre el botón derecho del ratón aparece un cuadro de diálogo con diversos paneles que se irán cumplimentando.

En el primer panel del cuadro de diálogo se incluyen datos generales del proyecto, como son: el nombre que se le asignará, su dirección, así como datos para la identificación del técnico que ha realizado la cualificación.

Panel de datos generales del proyecto

Por último, en el panel se le debe indicar a la aplicación cuál es el uso de la edificación. Como en este caso concreto el edificio está destinado a oficinas, se selecciona esta opción.

Otras opciones de uso del edificio que permite CALENER-GT son los mostrados en la figura siguiente.

Uso al que se destina la edificación

En el siguiente panel se cumplimentan los datos de la localización. En este caso, el edificio está situado en Córdoba capital.

Nota

Si el edificio está situado en una localidad que no es capital de provincia, habrá que indicar la zona climática y la generación eléctrica que tienen asignadas.

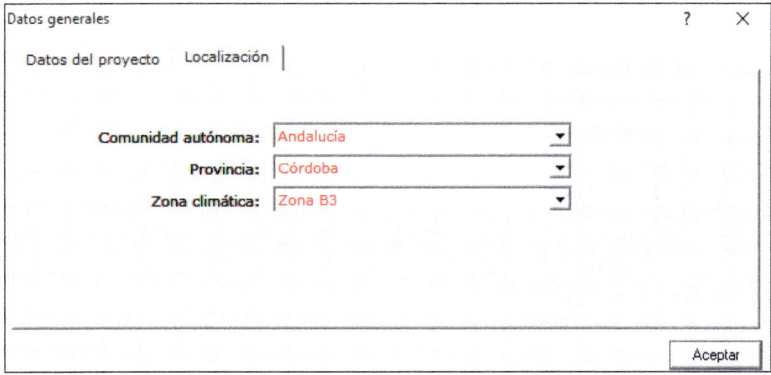

Localización de la edificación

La implementación del proyecto continúa con la introducción de los polígonos.

Recuerde

Los polígonos van a permitir definir las referencias geométricas básicas de la edificación. Es decir, sirven de soporte para la definición de la forma geométrica de las plantas y de los espacios de la edificación.

Como el edificio de oficinas consta de una planta cuadrada dividida en cuatro oficinas iguales será suficiente con definir dos polígonos en la aplicación, a los que se les denominará **PolígonoPlanta** y **PolígonoOficina.**

Para insertar los polígonos, haciendo clic en el botón derecho del ratón sobre el correspondiente elemento del árbol se acciona el comando para su creación.

Se debe indicar que el programa da la posibilidad de crear un nuevo polígono o cargar un elemento predefinido de su librería que posteriormente puede ser editado. Esto ocurrirá con la mayor parte de los elementos que se tendrán que incorporar al proyecto.

Si se le propone al *software* crear un nuevo proyecto, aparecerá el cuadro de diálogo para insertar sus vértices.

Definición de polígonos

Con la inserción de los vértices queda definido el polígono.

Tras la definición de los polígonos se procede a la definición de los elementos constructivos. Dentro de los elementos constructivos se engloban los materiales, el conjunto de capas, la composición de los cerramientos y los acristalamientos.

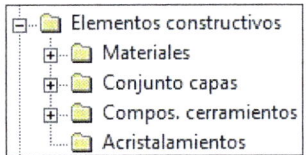

Árbol de elementos constructivos

La forma de trabajar en este punto será, en primer lugar, introducir todos los materiales de los que consta la edificación. A partir de estos, configurar las capas de las que se componen los cerramientos, tras lo cual se configurarán los diversos cerramientos de la construcción y, por último, se le indicará al *software* qué sistemas de acristalamientos se deberán contemplar.

Haciendo clic sobre el botón derecho del ratón se incluyen los materiales. De nuevo, estos pueden ser tomados de una librería de la aplicación o creados.

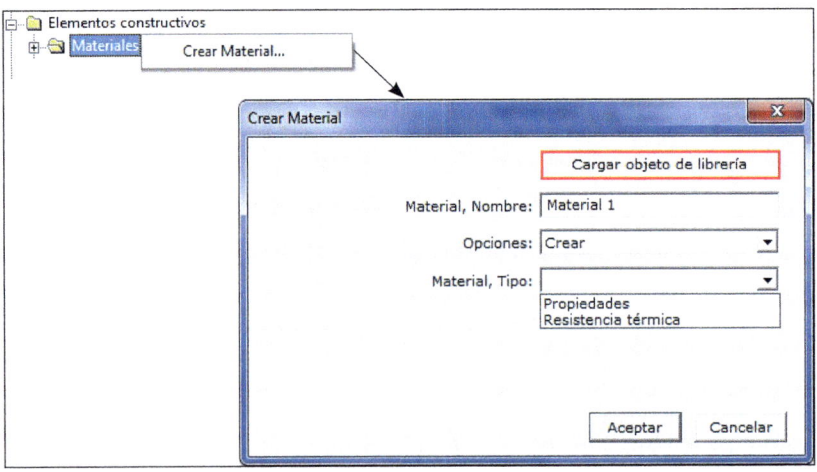

Creación de un material

CALENER-GT proporciona una amplia librería de materiales constructivos englobando la mayoría de los materiales usados en la actualidad. De esta forma, comparando los materiales usados para esta construcción concreta se puede observar que todos están en la librería de la aplicación, por lo que se opta por ella.

Haciendo clic en **Cargar objeto de librería** se le indica a la aplicación el material concreto que se quiere insertar.

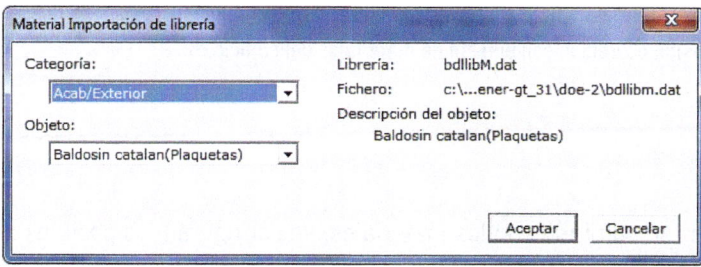

Importación de un material de la librería

Como se puede observar, la librería de materiales está ordenada por categorías y por objeto. En esta se buscarán las que permitan introducir los objetos materiales concretos para la construcción bajo estudio.

En el caso del mortero de cemento, este será encontrado en la categoría **Horm/Bloque/Mort.**

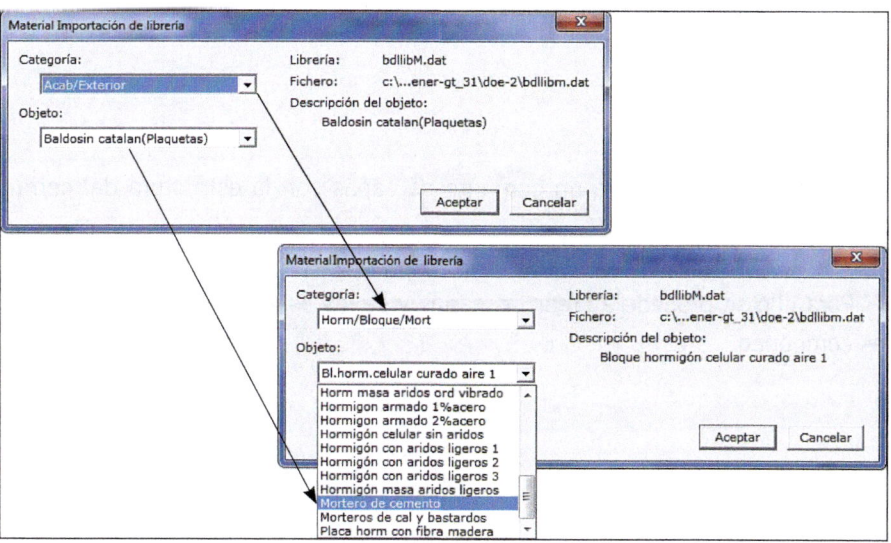

Selección de mortero de cemento como elemento constructivo

Actividades

12. Al igual que se ha introducido el mortero de cemento como elemento constructivo, realizar la misma operación con el resto de materiales del edificio.

Una vez se han indicado los materiales, se configuran las posibles capas en las que estos materiales se distribuyen para la formación de los cerramientos.

Como en otros casos, será posible escoger una configuración de las capas de la librería de la aplicación o crearla a partir de los materiales propuestos.

Nota

Si se escoge una configuración de capas de la librería que proporciona CALENER-GT, automáticamente se cargarán los materiales de los que se componen esta capa.

Continuando, se creará un conjunto de capas con la estructura del cerramiento exterior.

Para ello se procede a crear las capas y se les asignan los materiales que las componen.

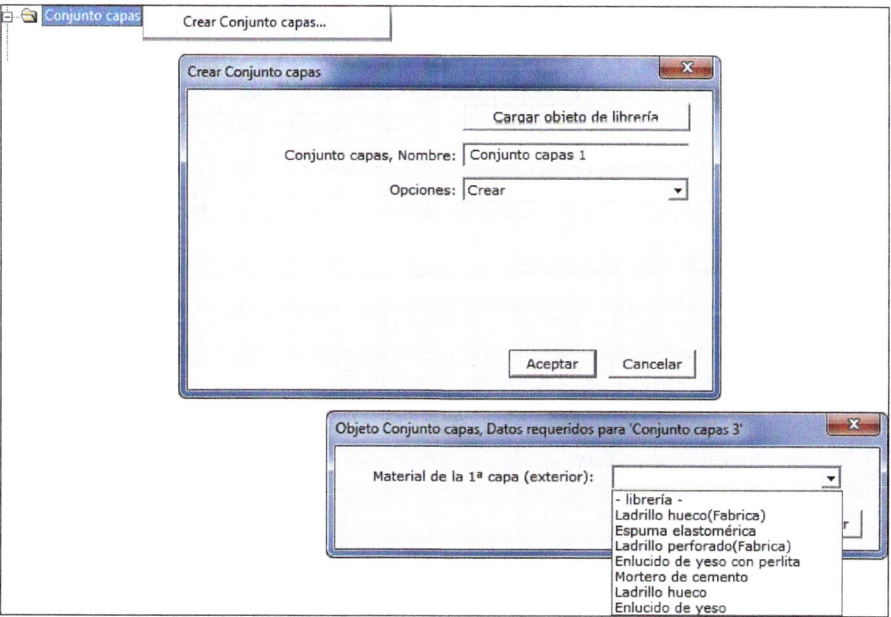

Creación de capas

 Aplicación práctica

Observando la configuración de capas del cerramiento interior, y comparándolo con las configuraciones que proporciona la librería de la aplicación, se comprueba que existe en ella una asociación de capas que coincide con la del cerramiento. Como aplicación práctica, se propone que la estructura de capas del cerramiento interior sea obtenida de la librería.

SOLUCIÓN

El primer paso es comprobar los elementos de la librería.

Continúa en página siguiente >>

<< Viene de página anterior

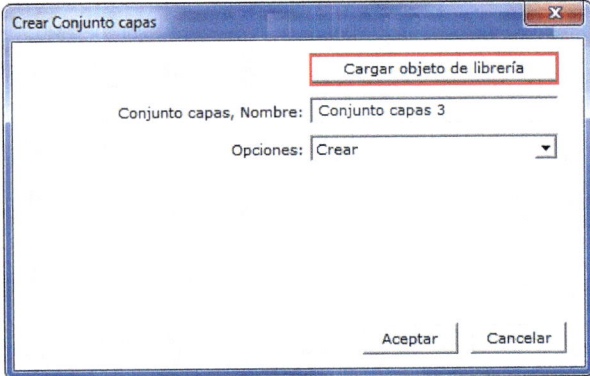

Cargar objetos de la librería para crear un conjunto de capas

Una vez pulsado el botón **Cargar objeto de librería**, se procede a seleccionar la categoría que en este caso concreto se corresponderá con **Muros interiores**.

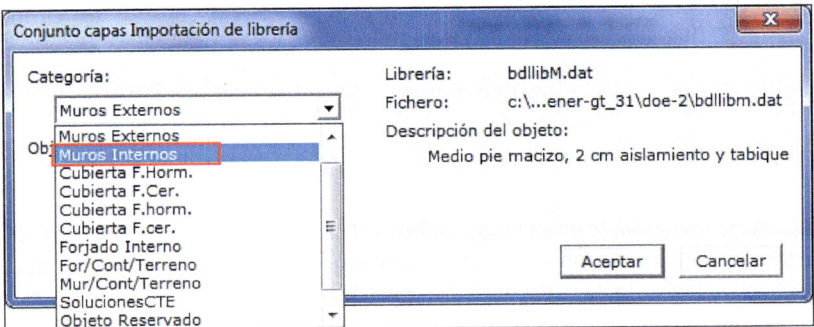

Selección de muros interiores

En esta categoría aparece un único objeto denominado **L_Medianera de ladrillo hueco** cuya composición coincide con la que se establece para el edificio bajo estudio.

Continúa en página siguiente >>

<< Viene de página anterior

Conjunto capas Importación de librería	X

Categoría:

Muros Internos ▼

Objeto:

L_Medianera de ladrillo hueco ▼
L_Medianera de ladrillo hueco

Librería: bdllibM.dat
Fichero: c:\...ener-gt_31\doe-2\bdllibm.dat
Descripción del objeto:
Ladrillo hueco de 8cm con enlucido de yeso en ambas caras

Aceptar   Cancelar

Selección de muros interiores

Pulsando **Aceptar** se carga en la aplicación este conjunto de capas.

Actividades

13. Al igual que se ha hecho en la aplicación práctica anterior, incorporar al proyecto la cubierta y el suelo del edificio.

Una vez que todos los materiales y las configuraciones de capas han sido introducidos, se procede a la configuración de los cerramientos. En el caso del edificio objeto de estudio, se tendrán que implementar:

- Cerramiento exterior.
- Cerramiento interior.
- Cubierta.
- Suelo.

Para crear un cerramiento, de nuevo, haciendo clic en el botón derecho del ratón sobre **Compos. Cerramiento** se accede a los cuadros de diálogo para la implementación de estos. Al igual que en los casos anteriores, se pueden crear cerramientos a partir de elementos de la librería, en cuyo caso se actualizarían automáticamente los elementos de la edición de capas y de materiales.

Si se crea un cerramiento nuevo, existen dos opciones: crearlo a partir de un conjunto de capas, donde estas se tomarían de las configuradas con anterioridad, o a partir de la transmitancia térmica, opción útil en el caso de que esta sea bien conocida.

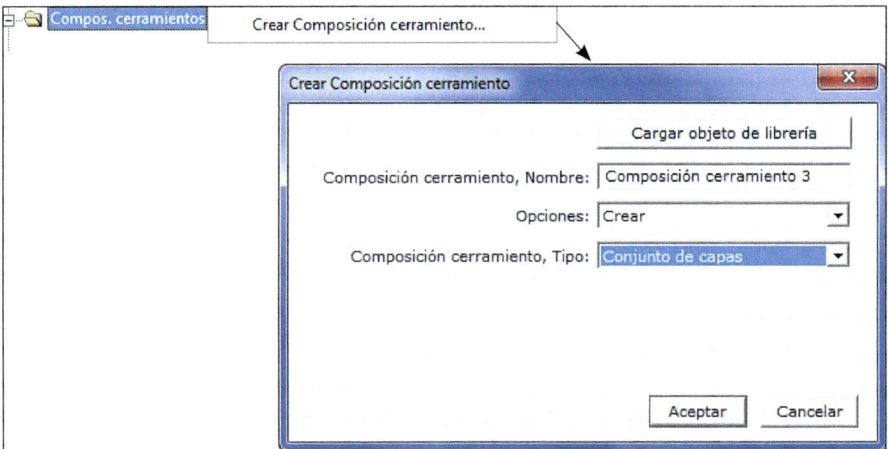

Creación de cerramientos

Por último, en lo que respecta a los elementos constructivos, solo quedaría establecer el sistema de acristalamiento.

Al igual que con los otros elementos, los sistemas de acristalamiento pueden ser cargados a partir de la librería de CALENDER-GT, o creados a partir de su propiedades globales.

Lo más apropiado en este caso es, a partir de los datos del fabricante, establecer las propiedades globales del tipo de acristalamiento. Las propiedades que necesita la aplicación son:

- Localización exterior o interior.
- Factor solar.

- Transmitancia térmica.
- Transmitancia visible.

Teniendo en cuenta esto, así como los parámetros característicos del acristalamiento propuesto para el edificio, se definiría el sistema de acristalamiento.

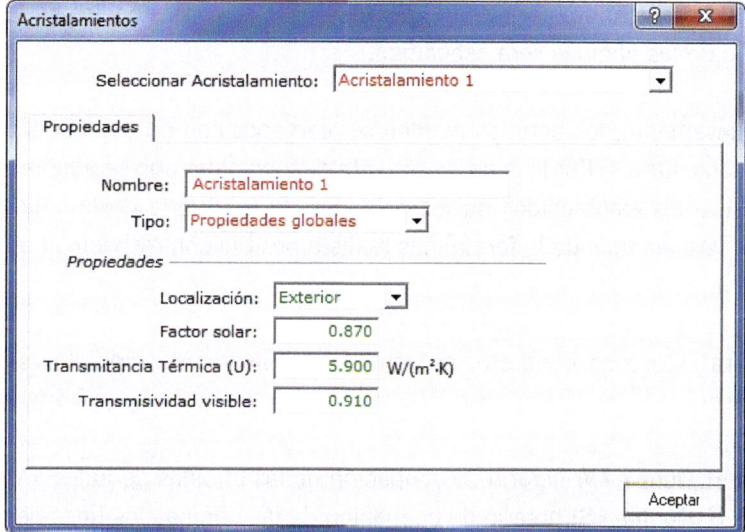

Creación de cerramientos

 **Actividades**

14. Buscar en diversas fuentes fabricantes de sistemas de acristalamiento y realizar un cuadro con los distintos tipos de acristalamientos que ofrecen y sus características según los parámetros necesarios para ser usados en CALENER-GT.

Con la inclusión del sistema de acristalamiento ya se ha terminado con la definición de los elementos físicos que componen el edificio. El siguiente paso es indicarle al *software* los horarios de uso de las distintas instalaciones. Se deben indicar todos los horarios que se requieran, tanto diarios como, a partir de estos, semanal y anual. El horario diario establece las horas que durante los días concretos la oficina o sus instalaciones están en uso.

El horario semanal cuenta los días de la semana en la que los horarios anteriormente configurados se establecen.

Y el horario anual permite indicar días festivos u ocasionales en los que el horario de las oficinas será específico.

Nuevamente, los horarios pueden ser cargados con un objeto de la librería o creados nuevos. Por lo general, excepto cuando el horario se adapte de forma precisa a los establecidos en las opciones de la librería de la aplicación, lo mejor será crearlos de la forma más realista posible con respecto al edificio de estudio.

Para este caso concreto, se considera conveniente crear los siguientes horarios:

- **H_Ocupa_LV:** horario de ocupación de las oficinas de lunes a viernes.
- **H_Ocupa_FS:** horario de ocupación de las oficinas los fines de semana.
- **H_Ocupa_F:** horario de ocupación de las oficinas en festivos.
- **H_Ilum_LV:** horario de iluminación de las oficinas de lunes a viernes.
- **H_Ilum_FS:** horario de iluminación de las oficinas los fines de semana.
- **H_Ilum_F:** horario de iluminación de las oficinas en festivos.

Se procede a crear los horarios diarios. Para ello, haciendo clic con el botón derecho del ratón se entra en el cuadro de diálogo para la configuración del horario.

En el caso de horarios de ocupación se ha elegido la opción **Todo/nada,** es decir, están o no ocupadas. De esta forma, se indicará un 1 en las horas desde las 7:00 hasta las 15:00 y un 0 en el resto de horarios.

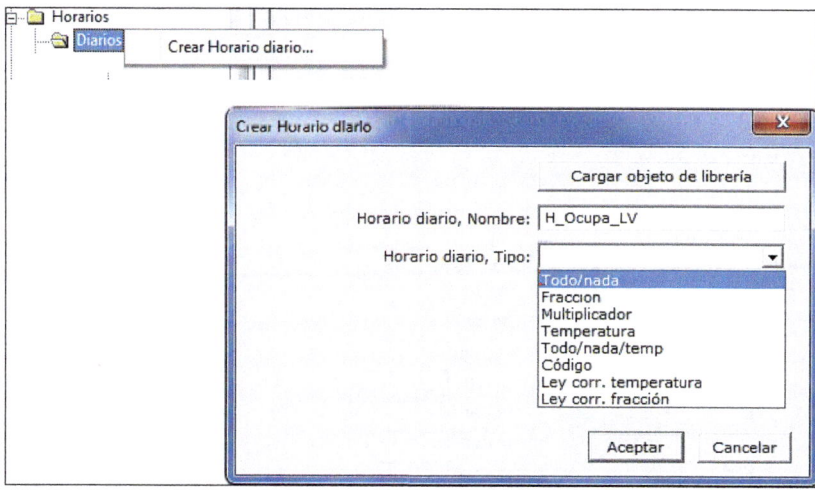

Creación de horarios diurnos para ocupación

 **Actividades**

15. Crear los horarios con respecto a las ocupaciones restantes.

En el caso de los horarios de iluminación, se elegirá como fracción, ya que al haber luz natural habrá que dar cuenta de esta por medio de porcentajes de uso de luz artificial.

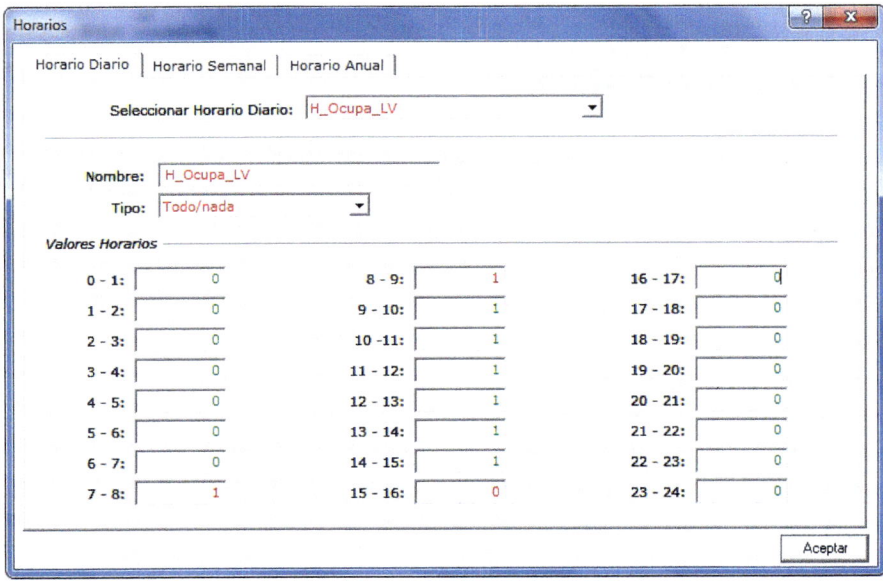

Usos diarios de iluminación de la edificación

Una vez creados los horarios diarios y semanales, asignándole en este caso a cada día de la semana uno de los horarios especificados con anterioridad, se establecerán dos horarios semanales, uno correspondiente a la ocupación y otro a la iluminación.

Horario semanal de ocupación

Por último, se debe crear el horario anual, el cual se configura a partir de los horarios previamente establecidos. En este punto se establecen los periodos laborables, vacacionales y festivos que se produzcan durante el año.

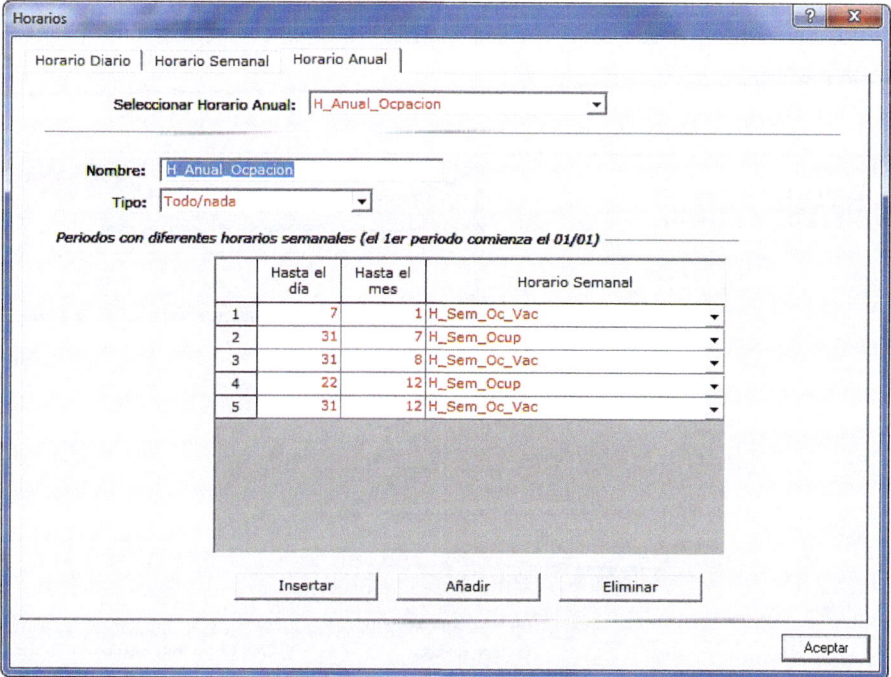

Horario anual de ocupación

7.1. Generación del modelo 3D

Una vez establecidos los horarios, se pasa a la generación del modelo 3D, donde se le indica a la aplicación la forma geométrica y se asigna a los diversos espacios, de los cerramientos y demás elementos del edificio.

Para ello, como siempre, se hace clic en el botón derecho del ratón y se van creando los elementos.

El primer elemento a crear es la planta del edificio, tras la cual se crearán los espacios correspondientes a las diversas zonas térmicas de la edificación, siendo estas, en este caso, las correspondientes a cada una de las oficinas. La planta y los espacios se crean a partir de los polígonos definidos con anterioridad.

El proceso de creación de la geometría 3D se lleva a cabo por medio de añadir elementos hijos al padre; así, la ventana o la puerta son elementos hijos de los cerramientos que a su vez son elementos hijos de los espacios y estos de la planta.

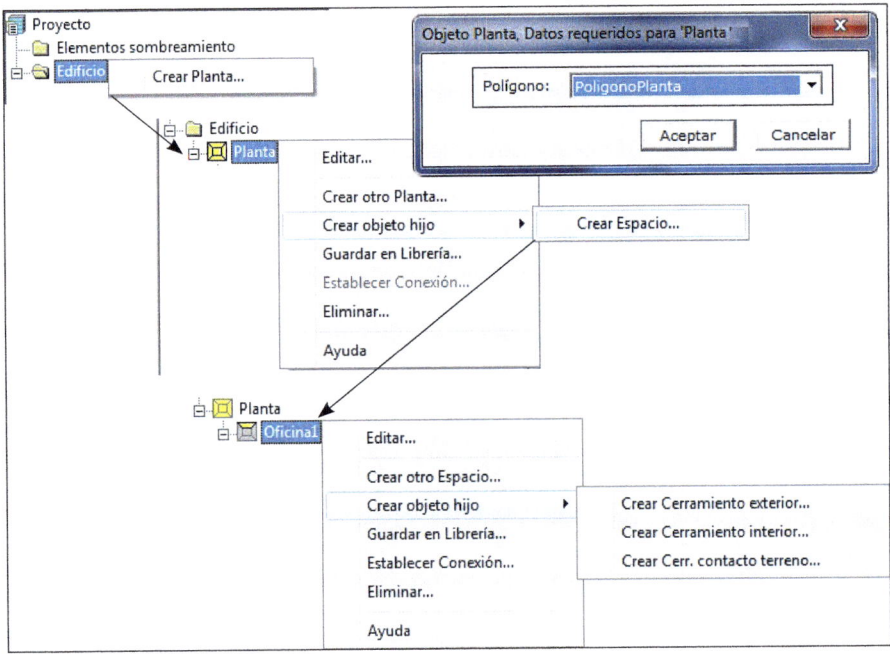

Creación de espacios, plantas y cerramientos

Una vez que los espacios están definidos, se les asignan los cerramientos y se definen las ventanas y las puertas.

En cuanto a los cerramientos, habrá que definir los cerramientos exteriores, los interiores, la cubierta y el suelo correspondientes a cada uno de los espacios.

A la hora de definir el cerramiento, se le indica a la aplicación la composición del cerramiento así como su localización con respecto al espacio en el que se sitúa.

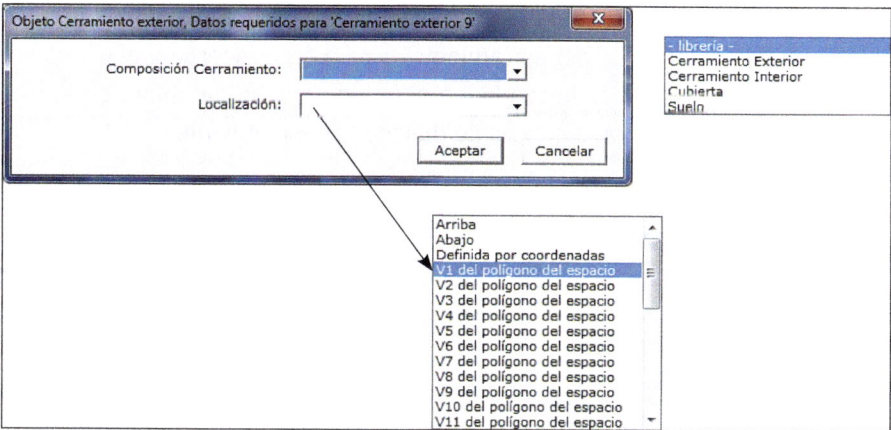

Definición de cerramientos

En el caso concreto de esta aplicación, en un punto anterior se definieron cuatro tipos de cerramientos, de los cuales se debe seleccionar el correspondiente al que se está creando en cada momento en el diseño 3D.

En cuanto a los espacios, el *software* permite su colocación relativa a los vértices del polígono usado para la creación del espacio concreto en el que se sitúa, ya sea seleccionando el vértice o estableciendo sus coordenadas.

 Actividades

16. Para comprender cómo la aplicación posiciona los diversos elementos en el modelo 3D, crear una planta cuadrada con un único espacio y las posiciones de los cuatro cerramientos exteriores, así como la cubierta y el techo.
    El material asignado a los cerramientos es indiferente, ya que el objetivo de esta actividad es el posicionamiento de elementos, por lo que dichos materiales se dejan a elección del lector.

Una vez definidos los cerramientos, se definen las ventanas y las puertas. Estos son elementos hijos del cerramiento, y para tener acceso a ellos, como en el resto de los casos, se hace clic en el botón derecho del ratón, de forma que la aplicación muestra el cuadro de diálogo correspondiente.

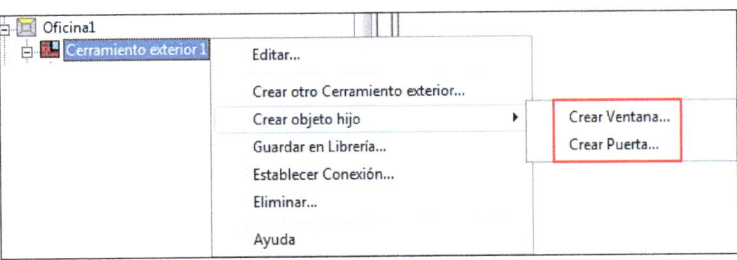

Definición de puertas y ventanas

Si lo que se inserta es una ventana, habrá que indicar las dimensiones, el tipo de acristalamiento usado, ya definido con anterioridad, así como su ubicación en relación con el cerramiento sobre el que se sitúa. Además, el *software* da la opción de incorporar elementos de sombra sobre la ventana, como voladizos, persianas, etc.

Si el objeto a insertar es una puerta, los datos a indicar a la aplicación son el tipo de material, sus dimensiones y la ubicación.

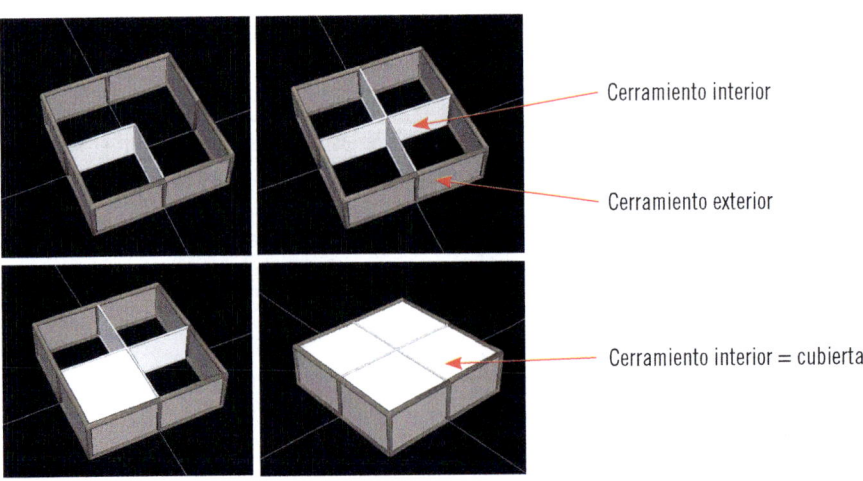

Continúa en página siguiente >>

<< Viene de página anterior

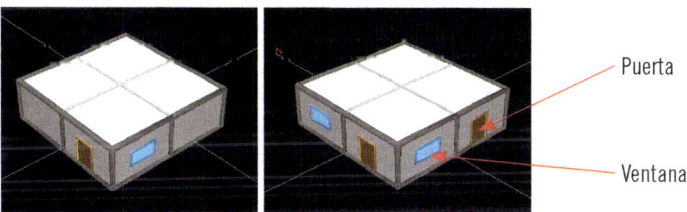

Puerta

Ventana

Creación del modelo 3D

Aplicación práctica

Para insertar un nuevo elemento, en todos los casos de hace clic sobre el botón derecho del ratón para acceder al correspondiente cuadro de diálogo. Hasta el momento se han creado elementos nuevos, pero cuando estos son repetitivos, como es el caso de las ventanas, es conveniente copiarlos. Cree una ventana a partir de la copia de la ventana 1 ya creada.

SOLUCIÓN

Para copiar la ventana se hace clic en el botón derecho del ratón sobre el cerramiento exterior en el que irá posicionada la ventana.

En este caso, en vez de elegir la opción **Crear,** se selecciona la opción **Copiar** un objeto existente y a partir de ahí se selecciona el objeto a copiar, en este caso la ventana 1.

Continúa en página siguiente >>

<< Viene de página anterior

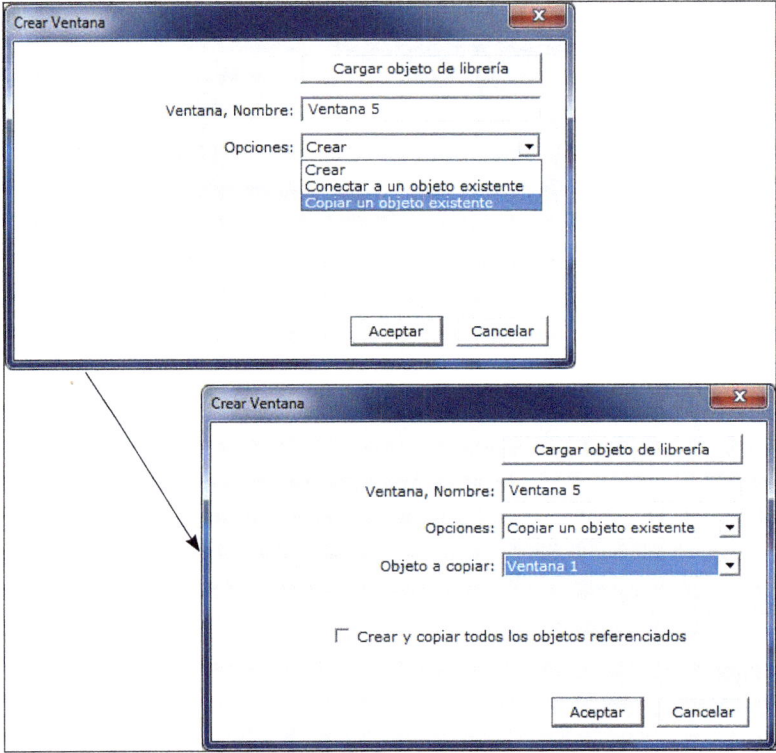

Copiar un objeto

Se debe indicar que el objeto será copiado con los mismos parámetros de su original, pero referenciado a las coordenadas de su elemento padre, en este caso el cerramiento exterior 3.

7.2. Definición de sistemas

Tras establecer la geometría del edificio, el siguiente paso será la inserción de los distintos sistemas que posee el edificio. Como ya se ha visto, CALENER-GT diferencia entre sistemas primarios y sistemas secundarios. En el caso concreto que se está tratando, existe un sistema independiente para calefacción, un sistema independiente para refrigeración y otro sistema para el ACS.

Un punto importante a tener en cuenta es que se deberán relacionar los sistemas secundarios con las zonas a climatizar, y esta relación es unívoca, es decir, a cada zona solo se le puede asignar un sistema secundario.

En el caso de esta aplicación, todas las oficinas están climatizadas a partir de los mismos sistemas, de forma que existirá un único sistema secundario que deberá tener en cuenta tanto la calefacción como la ventilación.

Para empezar el proceso será conveniente definir primero los subsistemas primarios de calefacción y refrigeración.

En cuanto al subsistema primario de calefacción, este es llevado a cabo por medio de un sistema hidráulico que distribuye el agua caliente producida en una caldera a los paneles radiantes existentes en las oficinas.

Estos paneles radiantes, encargados de intercambiar el calor del fluido con el aire en el interior de la oficina, son elementos que deberán formar parte del subsistema secundario.

Para mover el fluido será necesario que el sistema esté dotado de una bomba y los correspondientes conductos.

 **Recuerde**

Los subsistemas primarios son los equipos hidráulicos, mientras que los secundarios son los sistemas de acondicionamiento del aire.

Para insertar los elementos del subsistema primario en la aplicación, de nuevo, con el botón derecho del ratón sobre el grupo de elementos a insertar se le indica al *software* el componente concreto.

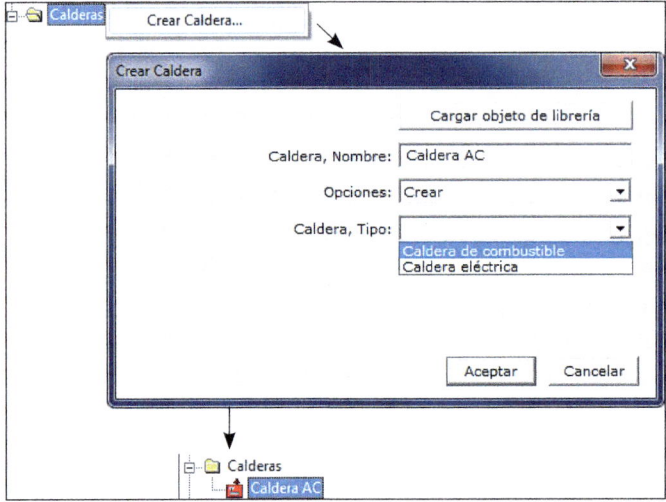

Creación de la caldera

Actividades

17. Buscar información en diversas fuentes sobre los diversos tipos de calderas existentes en el mercado, tanto eléctricas como de gas, y realizar un cuadro comparativo en el que se plasme su potencia nominal así como su rendimiento, de forma que sea posible elegir cuál cumple mejor las especificaciones de un edificio concreto con menor consumo energético.

Al crear un sistema, el *software* proporciona un cuadro de diálogo donde se indicarán las propiedades del elemento concreto. En el caso de la caldera, estas son las mostradas en la siguiente imagen:

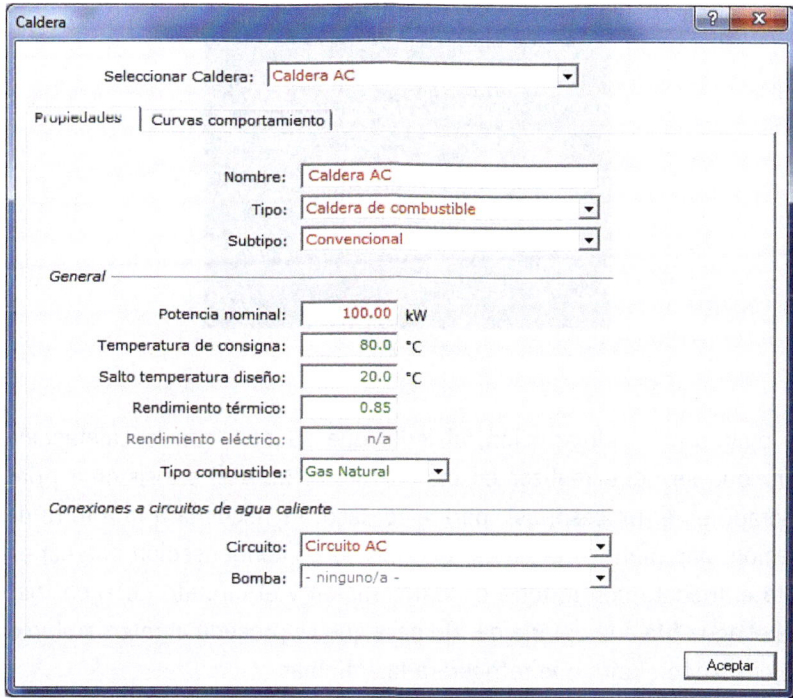

Propiedades de la caldera

De la misma forma que se inserta la caldera, se indicaría la bomba o bombas necesarias para llevar el agua caliente de la caldera a las zonas del edificio.

 **Recuerde**

Elementos pertenecientes al mismo circuito hidráulico están interrelacionados.

Una vez seleccionados los elementos de este subsistema, se indicará con qué circuito hidráulico está interrelacionado, es decir, se debe haber definido el circuito hidráulico necesario para la calefacción que se corresponderá con el circuito de agua caliente.

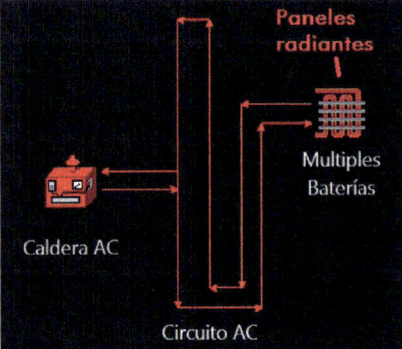

Esquema del circuito de calefacción

En cuanto a la refrigeración, al igual que sucedía con la calefacción, lo primero que se debe realizar es indicar al *software* el subsistema primario involucrado en el proceso; así, para este caso, se necesitará una torre de refrigeración, una planta enfriadora, un circuito de condensación que conectará la palta enfriadora con la torre de refrigeración y el circuito de agua fría que llevará el agua fría a la batería de frío para que se proceda al intercambio energético enfriando el aire que refrigerará las oficinas.

Se debe tener en cuenta que las baterías de aire pertenecen al subsistema secundario.

 Aplicación práctica

Como se ha comentado, el subsistema primario está constituido por un conjunto de elementos que se interconectan por medio de circuitos hidráulicos.

En esta aplicación se va a llevar a cabo la definición de la torre de refrigeración, de forma que el lector pueda indicarle a la aplicación el resto de elementos del subsistema, siguiendo los mismos pasos en la actividad siguiente.

SOLUCIÓN

La torre de refrigeración del subsistema primario de refrigeración está conectada al circuito de condensación y a la bomba del circuito de condensación, por lo que el primer punto será crear ambos elementos.

Continúa en página siguiente >>

<< Viene de página anterior

Haciendo clic sobre el botón derecho del ratón sobre el correspondiente grupo de elementos se crea, en primer lugar, la bomba del circuito de condensación.

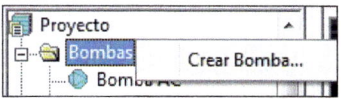

Creación de la bomba del circuito de condensación

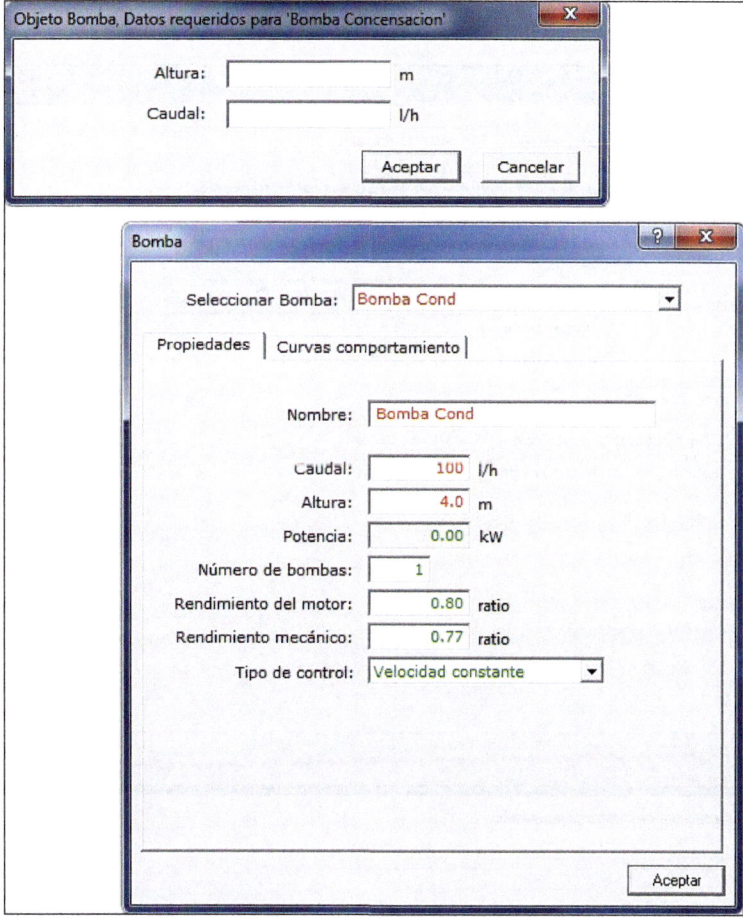

Definición de la bomba de condensación

Continúa en página siguiente >>

<< Viene de página anterior

De igual modo que con la bomba de condensación, se define el circuito de condensación y, tras la torre de refrigeración, se van proporcionando en todo momento los datos que la aplicación vaya solicitando y que estarán dados en las características técnicas de los componentes.

Un punto importante es indicarle a la aplicación a qué se conecta cada elemento. En el caso de esta aplicación práctica, la torre de refrigeración está conectada al circuito de condensación. Para indicarlo se presentará al usuario un cuadro de diálogo con las distintas opciones posibles como se muestra en la figura.

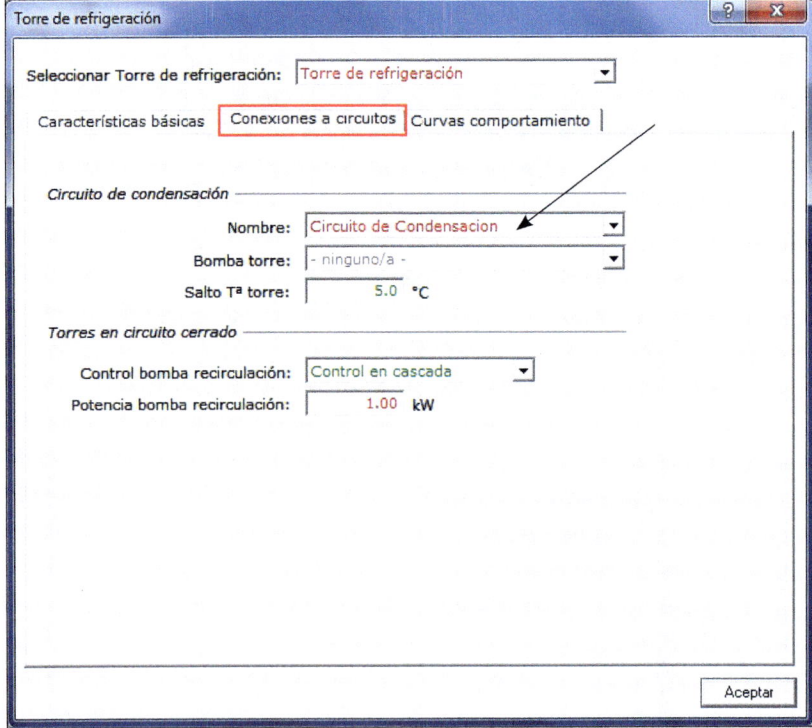

Conexión a circuitos de la torre de refrigeración

Con los datos introducidos, la aplicación mostrará el esquema de la parte de este subsistema primario correspondiente a la torre de refrigeración.

Continúa en página siguiente >>

<< Viene de página anterior

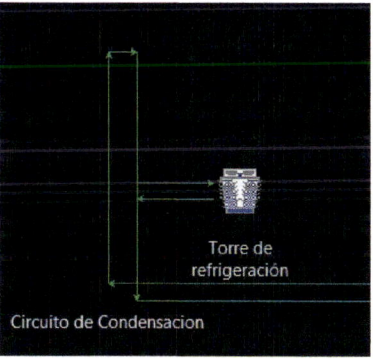

Torre de refrigeración y circuito de condensación

![Actividades icon] **Actividades**

18. Para familiarizarse con los equipos y los sistemas que proporciona CALENER-GT, buscar información sobre fabricantes, modelos y características de torres de refrigeración y plantas enfriadoras y realizar un resumen.
19. Indicar a la aplicación el resto de elementos del subsistema primario de refrigeración, es decir, la parte correspondiente a la planta enfriadora y al circuito de frío. Al realizar esta actividad se deberá tener en cuenta que la planta enfriadora deberá conectarse tanto al circuito de agua fría como al de condensación.

Con respecto a la climatización del edificio, solo quedará definir el subsistema secundario, que es el que permite la llegada del aire tratado a las zonas. Como se ha comentado, en este edificio, debido a que las cuatro zonas climáticas, las oficinas, son iguales, solo es posible indicar un subsistema secundario que debe englobar las opciones de calefacción y refrigeración.

Entre los diversos tipos de sistemas que incorpora CALENER-GT, el que se adapta a la configuración concreta de este edificio es el denominado **Todo aire caudal constante.** Para incorporar este subsistema al modelo, como siempre, se pulsa el botón derecho del ratón sobre subsistemas y se le indica **Crear subsistema secundario.** De las opciones que ofrece el *software* se elige la comentada y se cumplimentan los datos según las especificaciones. En este punto hay que tener en cuenta que el intercambio de energía para refrigeración se realiza en una batería de frío para todas las zonas y para calefacción en los paneles radiantes en cada zona. Se debe tener en cuenta que el *software* da la posibilidad de elegir entre **Fuente de calor general,** que actuaría sobre todas las zonas, y **Fuente de calor zonal** para decirle que cada zona tiene sus propios elementos de intercambio de calor.

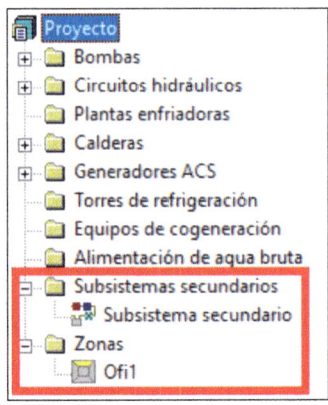

Selección de la fuente de calor zonal

Una vez seleccionados los elementos e introducidos los datos para el subsistema secundario conforme a las especificaciones, se le indica las zonas sobre las que actúa.

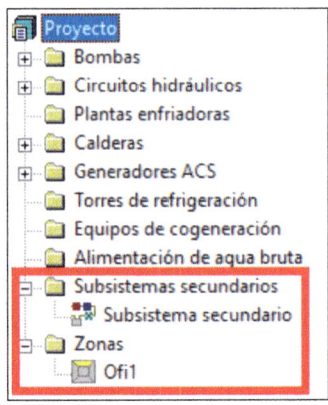

Zonas de actuación del subsistema secundario

Una vez definido el subsistema secundario, se muestra el esquema de este.

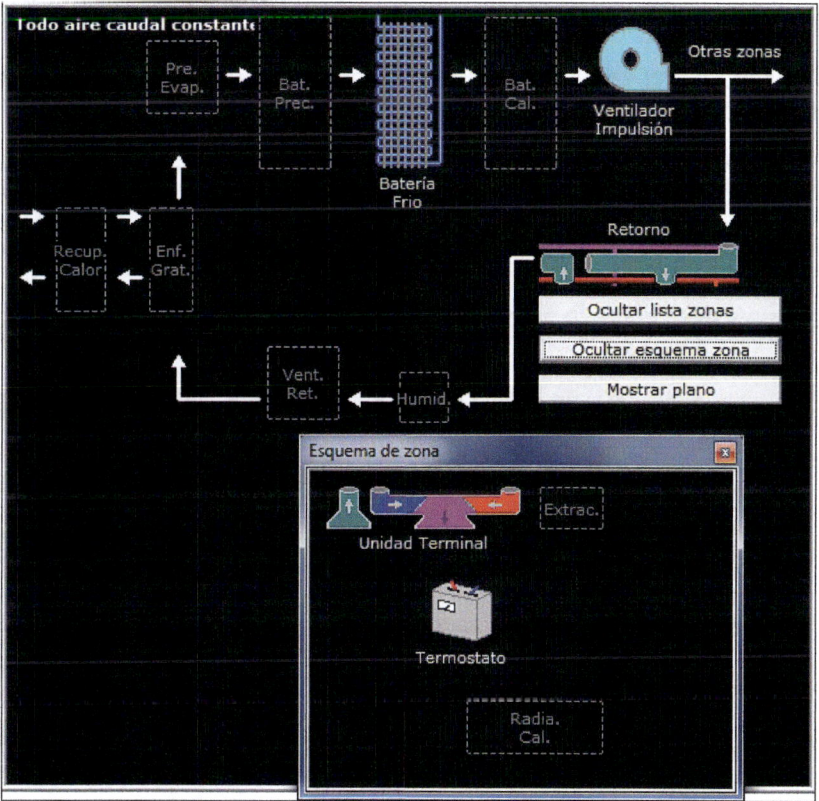

Esquema de subsistema secundario

Como se puede observar, el subsistema secundario, así como las unidades terminales, podrán contener más elementos dependiendo de la configuración requerida.

Por último, quedará indicarle al programa la configuración del sistema de agua caliente sanitaria.

Este es un subsistema específico que puede estar enlazado con otros, por ejemplo con el sistema de calefacción, o puede ser independiente.

En este caso concreto es independiente.

Para su configuración, la aplicación presenta un grupo de subsistemas primarios denominado **Generadores ACS** que permite indicarle cómo será dicho elemento. En este caso, el 50 % del suministro se proporciona a partir de una caldera eléctrica y el otro 50 % a partir de paneles solares.

Para indicar estos datos la aplicación proporciona un conjunto de cuadros de diálogo donde se irán indicando.

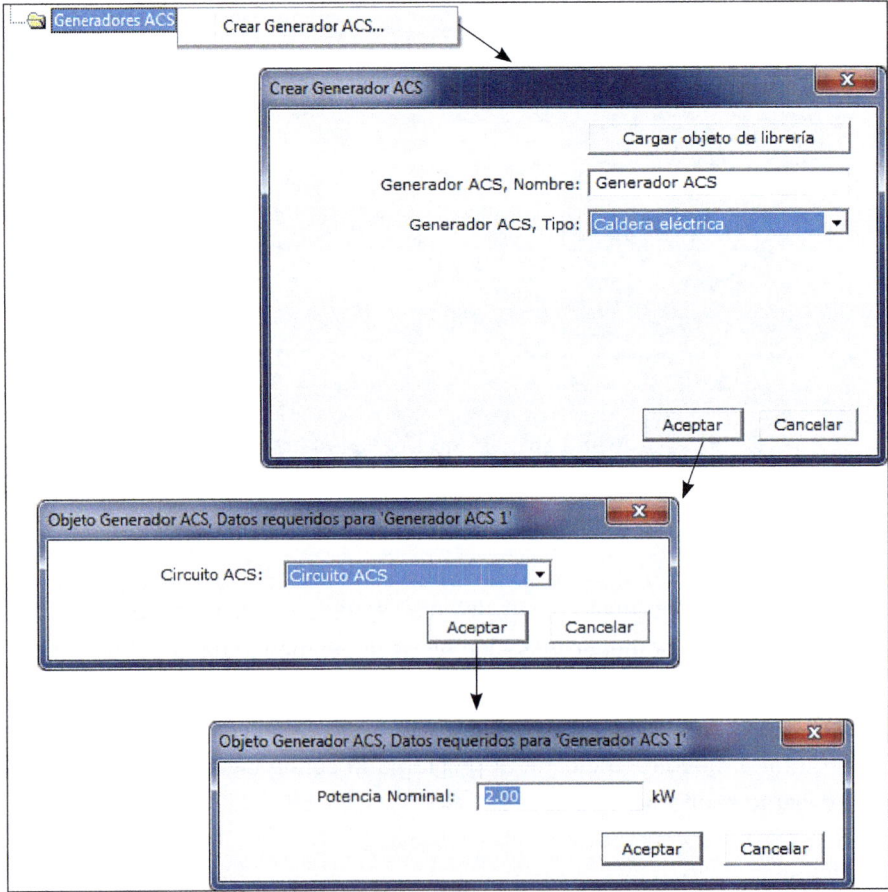

Definición del subsistema de ACS

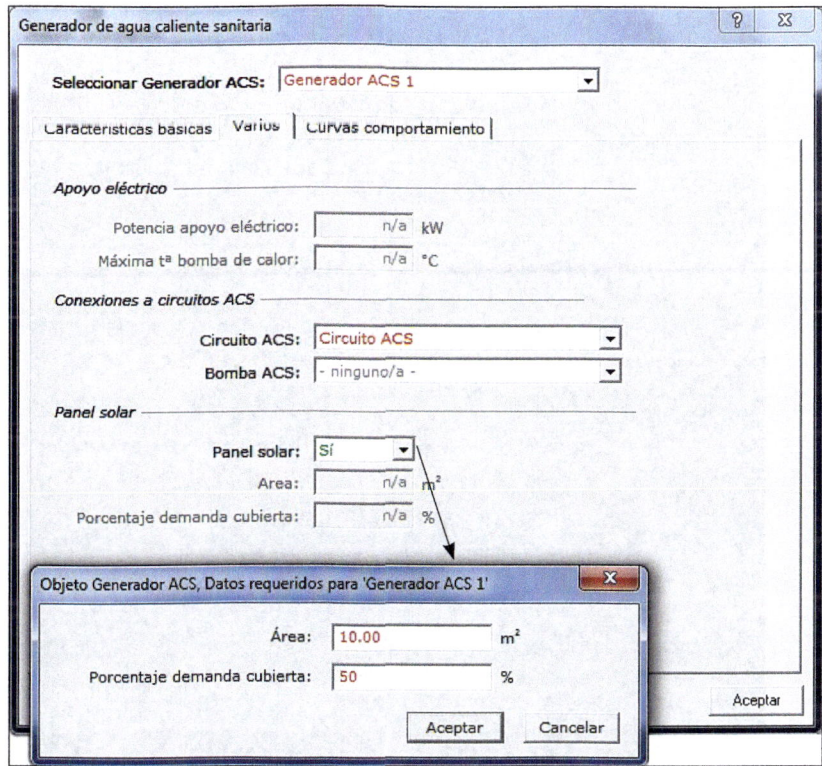

Definición del subsistema del aporte de la instalación de energía solar térmica al ACS

Con toda esta información introducida en la aplicación, el esquema general de los subsistemas primarios se muestra en la siguiente figura:

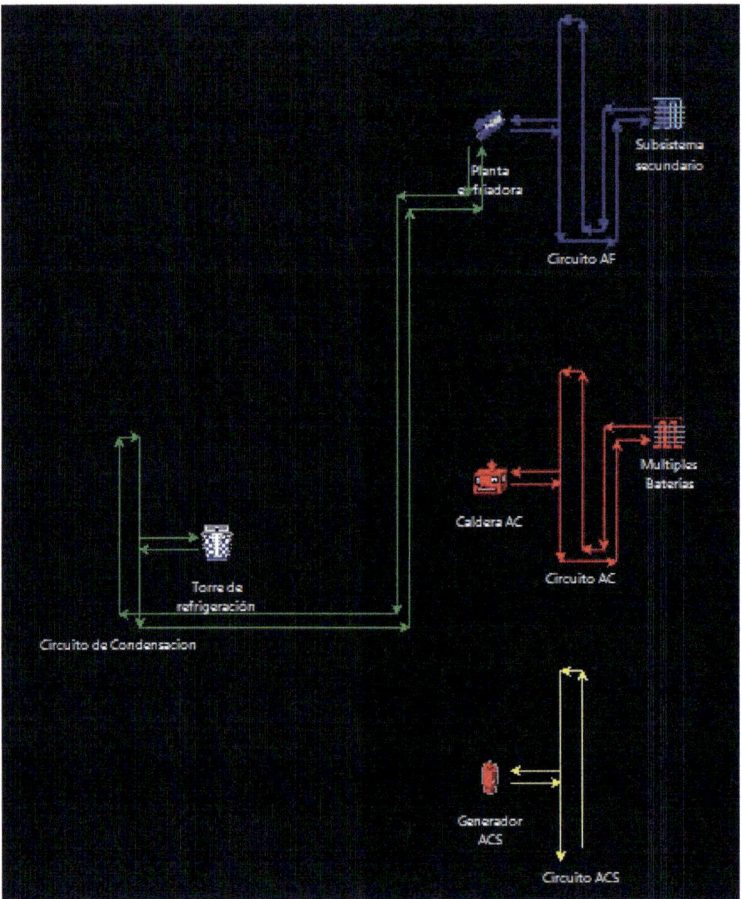

Esquema de los subsistemas primarios

7.3. Resultados

Tras indicarle a la aplicación todos los subsistemas que intervienen en las diversas instalaciones del edificio, se procede a su simulación.

Pulsando el siguiente botón se inicia el proceso de simulación donde el *software* realizará todos los cálculos necesarios para proporcionar una cualificación energética al edificio.

Para el edificio de oficinas bajo estudio, según las instalaciones descritas, se obtiene una calificación energética G, es decir, el edificio es poco eficiente.

Etiqueta energética y valores totales resultados de la simulación energética del edificio

Concepto	Edif. Objeto	Edif. Referencia
Energía final (kWh/año)	10759039	12210.2
Energía final (kWh/(m² año))	1075.9	122.1
Energía Primaria (kWh/año)	260142.2	28815.6
Energía primaria (kWh/(m² año))	2601.4	288.2
Emisiones (Kg CO_2/año)	64259.3	7218.6
Emisiones (Kg CO_2/(m²año))	642.6	72.2

Además del etiquetado, la aplicación proporciona un informe en PDF bastante extenso sobre el consumo energético y las emisiones de CO_2.

En relación con el análisis de resultados, la aplicación presenta también una interfaz donde muestra un conjunto de gráficos y tablas como resultado de la simulación realizada.

Haciendo clic sobre el siguiente botón se accede a estos resultados.

En la siguiente figura se presenta una gráfica donde se muestran las emisiones anuales de CO_2 obtenidas para el edificio bajo estudio para cada uno de sus sistemas.

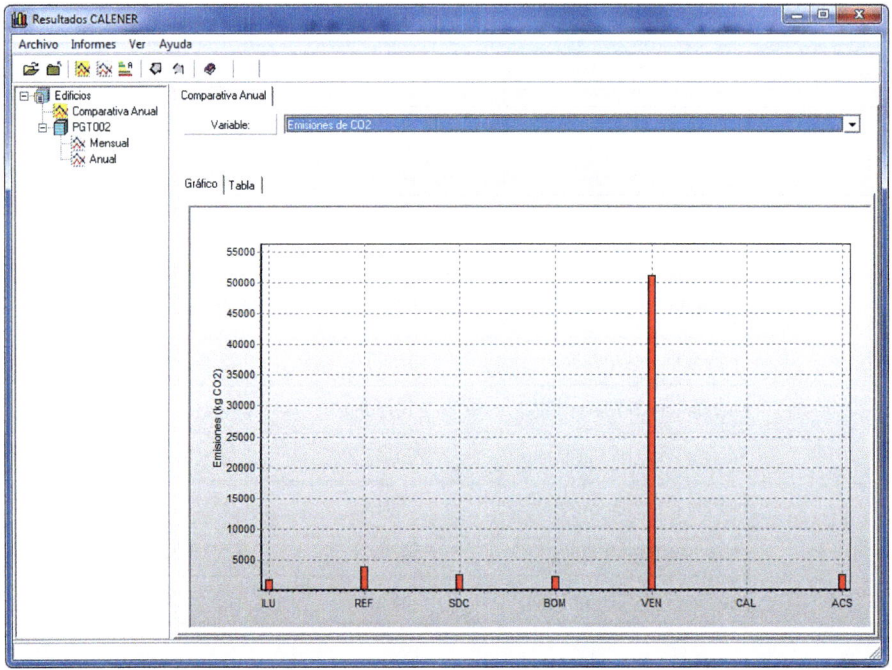

Emisiones de CO_2

Además de informes anuales, la aplicación presenta informes mensuales, de emisión de CO_2 por tipo de energía, etc.

 **Actividades**

20. Realizar un resumen de los diversos informes que la aplicación proporciona.

8. Resumen

En este capítulo se ha realizado un análisis de los dos paquetes *software* principales destinados a llevar a cabo el proceso de certificación y etiquetado energético de edificios: CALENER-VYP y CALENER-GT.

Se han analizado sus limitaciones, así como los sistemas implicados en el balance energético que estos incorporan para poder realizar las simulaciones lo más realistas posible con respecto al edificio objeto del estudio.

Se ha visto cómo CALENER-VYP permite la simulación de edificios de vivienda y edificios del sector terciario de pequeño o mediano tamaño, para lo cual permite la incorporación de los datos creados como paso previo en la verificación de la limitación de la demanda energética realizada con LIDER. En cuanto a los sistemas que incluye, estos son los principalmente utilizados en la climatización de los tipos de edificios que entran dentro de su alcance.

Si es necesario simular edificios del sector terciario mayores, como pueden ser centros de salud, edificios grandes de oficinas, centros de enseñanza, etc., habrá que acudir a la aplicación CALENER-GT, la cual incorpora sistemas de climatización más complejos que pueden ser encontrados en estos edificios.

Tras la simulación realizada a partir de estas aplicaciones se obtiene la calificación energética del edificio así como su etiqueta, además de un informe y un conjunto de tablas y gráficos que permite evaluar dónde están las principales deficiencias para proponer diversas mejoras.

Ejercicios de repaso y autoevaluación

1. ¿Cuál es el objetivo de los programas CALENER-VYP y CALENER-GT?

_____

_____

_____

_____

2. ¿Cuál de las siguientes afirmaciones es correcta?

    a. En CALENER-VYP, un proyecto se empieza siempre introduciendo los datos desde cero.

    b. CALENER-VYP permite iniciar el proyecto a partir de los datos introducidos en la herramienta unificada LIDER–CALENER.

    c. Para llevar a cabo un proyecto es obligatorio empezar a partir de los datos proporcionados por la herramienta unificada LIDER–CALENER.

    d. CALENER-VYP empieza un proyecto a partir de los datos proporcionados por CALENER-GT.

3. ¿Cuáles son las limitaciones que presenta CALENER?

_____

_____

_____

_____

4. ¿Cuál de los siguientes no es un tipo de sistema incluido en CALENER-VYP?

    a. Sistema mixto de calefacción de agua caliente sanitaria.

    b. Sistema de solo frío.

    c. Torres de refrigeración.

    d. Sistema de agua caliente sanitaria.

5. **Indique si las siguientes afirmaciones son verdaderas o falsas.**

  a. CALENER-VYP no permite modificar el modelo 3D proporcionado por la Herramienta Unificada LIDER-CALENER.

  ☐ Verdadero
  ☐ Falso

  b. Entre los resultados obtenidos por CALENER-VYP se encuentra la etiqueta de eficiencia energética del edificio en estudio.

  ☐ Verdadero
  ☐ Falso

  c. En CALENER-VYP, el sistema de ACS está siempre ligado con el sistema de calefacción.

  ☐ Verdadero
  ☐ Falso

  d. Los resultados obtenidos tras la simulación son los relacionados solo con el consumo energético del edifico.

  ☐ Verdadero
  ☐ Falso

6. **¿Qué entiende por "factores de corrección"?**

  _____
  _____
  _____
  _____

7. **Mediante un diagrama, exprese los principales pasos a seguir para indicarle a CALE-NER-VYP los sistemas involucrados en el proceso de calificación.**

  _____
  _____
  _____
  _____

8. **Seleccione a qué grupo pertenece cada uno de los equipos siguientes.**

Grupos

1. Calefacción eléctrica unizona.
2. Caldera eléctrica o de combustible.
3. Expansión directa bomba de calor aire-agua.
4. Expansión directa aire-aire solo frío.
5. Expansión directa aire-aire bomba de calor.
6. Unidad exterior en expansión directa.

Equipos

__ EQ_Caldera-Convencional-Defecto.
__ EQ_ED_Aire_SF-Defecto.
__ EQ_CalefacciónElectrica-Defecto.
__ EQ_ED_UnidadExterior-Defecto.
__ EQ_Caldera-ACD-Eléctrica-Defecto.
__ EQ_ED_AireAire_BDC-Defecto.

9. **Defina qué se entiende por "sistemas" en CALENER-VYP.**

_____
_____
_____
_____

10. **¿Cuál de las siguientes afirmaciones es cierta?**

a. CALENER-GT tiene por objetivo la cualificación de viviendas grandes.
b. CALENER-GT está diseñado para ser usado solo en edificios de la Administración Pública.
c. CALENER-GT tiene por objetivo la cualificación energética de edificios grandes del sector terciario.
d. Todas las opciones son incorrectas.

11. En la siguiente figura se presenta el esquema de un sistema de refrigeración posible para un edificio del sector gran terciario. Identifique los distintos componentes del esquema.

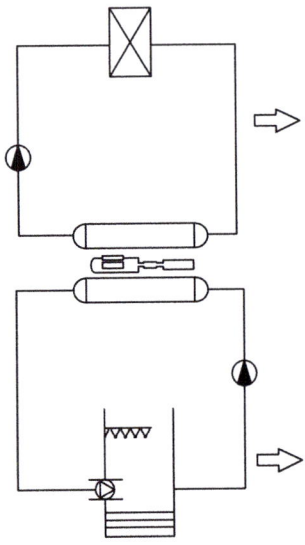

12. Indique si las siguientes afirmaciones son verdaderas o falsas.

a. CALENER-GT no tiene en cuenta los horarios de ocupación del edificio.

☐ Verdadero
☐ Falso

b. El modelo 3D en CALENER-GT permite la inclusión de elementos de sombra ajenos a la edificación.

☐ Verdadero
☐ Falso

c. En CALENER-GT es posible indicar un porcentaje de producción de ACS por energía solar.

☐ Verdadero
☐ Falso

13. ¿Cuál de las siguientes afirmaciones es correcta?

    a. En CALENER-GT, una zona climática puede estar climatizada por medio de varios subsistemas secundarios.

    b. Los subsistemas primarios en CALENER-GT son los que proporciona el acondicionamiento del aire.

    c. En CALENER-GT existen tres tipos de zonas: acondicionadas, no acondicionadas y plenum.

    d. Todas las opciones son incorrectas.

14. Indique por medio de un diagrama cuál es el flujo de trabajo en CALENER-GT.

_____

_____

_____

_____

15. Indique cuál es la aplicación de cada subsistema de la siguiente figura.

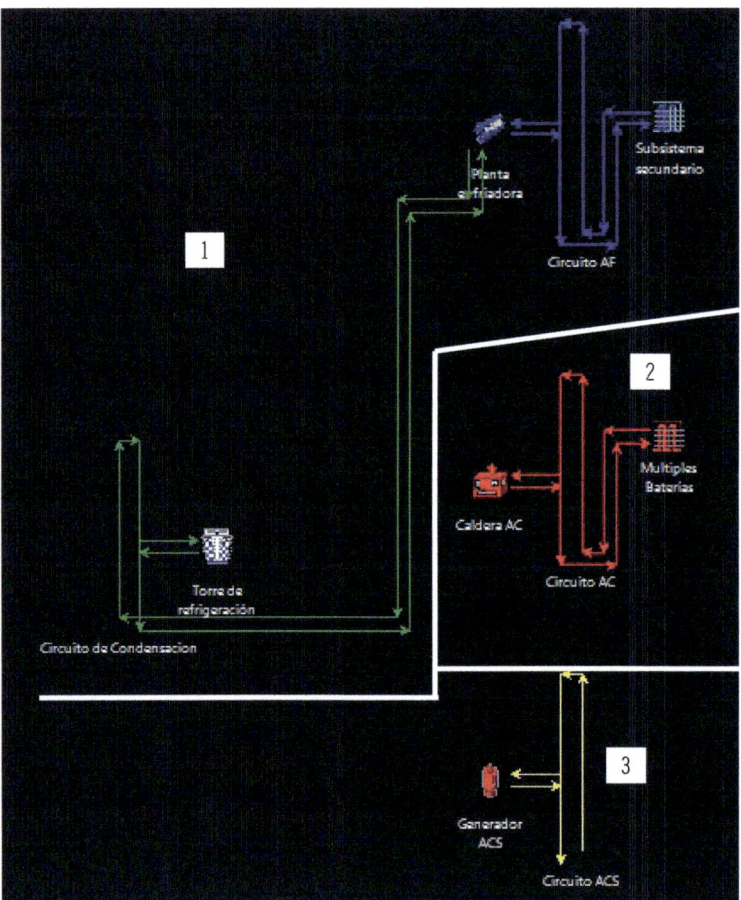

Bibliografía

Monografías

▎AICIA. Grupo de termotecnia de la Escuela Superior de Ingenieros Industriales de la Universidad de Sevilla: CALENER-GT: *grandes edificios terciarios.* Manual técnico. IDAE, 2009.

▎AICIA. Grupo de termotecnia de la Escuela Superior de Ingenieros Industriales de la Universidad de Sevilla: CALENER-VYP: *viviendas y edificios terciarios pequeños y medianos.* Manual de usuario. IDAE, 2009.

▎AICIA: Grupo de termotecnia de la Escuela Superior de Ingenieros Industriales de la Universidad de Sevilla: *Condiciones de aceptación de procedimientos alternativos a LIDER y CALENER. Anexos.*

▎Asociación Técnica Española de Climatización y Refrigeración: *Guía técnica de procedimientos y aspectos de la simulación de instalaciones térmicas en edificios.* IDAE, 2008.

▎IDAE: *Escala de calificación energética para edificios de nueva construcción.* IDAE, 2009.

▎IDAE: *Escala de calificación energética. Edificios existentes.* 2011.

▎Ministerio de Transporte, Movilidad y Agenda Urbana: Documento básico HE1, *ahorro energético,* 2022.

Ministerio de Industria, Energía y Turismo: Herramienta Unificada LIDER-CALENER, manual de usuario.

Ministerio de Industria, Turismo y Comercio: CALENER-VYP, *manual de usuario.*

Legislación

Directiva 2012/27/UE del Parlamento Europeo y del Consejo, de 25 de octubre de 2012, relativa a la eficiencia energética, por la que se modifican las Directivas 2009/125/CE y 2010/30/UE, y por la que se derogan las Directivas 2004/8/CE y 2006/32/CE.

Directiva 2010/31/UE del Parlamento Europeo y del Consejo, de 19 de mayo de 2010, relativa a la eficiencia energética de los edificios.

Directiva 2006/32/CE del Parlamento Europeo y del Consejo, de 5 de abril de 2006, sobre la eficiencia del uso final de la energía y los servicios energéticos y por la que se deroga la Directiva 93/76/CEE del Consejo.

Directiva (UE) 2018/844 de del Parlamento Europeo y del Consejo de 30 de mayo de 2018 por la que se modifica la Directiva 2010/31/UE relativa a la eficiencia energética de los edificios y la Directiva 2012/27/UE relativa a la eficiencia energética.

Real Decreto 56/2016, de 12 de febrero, por el que se transpone la Directiva 2012/27/UE del Parlamento Europeo y del Consejo, de 25 de octubre de 2012, relativa a la eficiencia energética, en lo referente a auditorías energéticas, acreditación de proveedores de servicios y auditores energéticos y promoción de la eficiencia del suministro de energía.

Real Decreto 235/2013, de 5 de abril, por el que se aprueba el procedimiento básico para la certificación de la eficiencia energética de los edificios.

Textos electrónicos, bases de datos y programas informáticos

▌Agencia Andaluza de la Energía, de: <http://www.agenciaandaluzadelaenergia.es>.

▌Código Técnico de la Edificación, de: <http://www.codigotecnico.org>.

▌DOE2, de: <http://www.doe2.com>.

▌EnergyPlus, de: <https://energyplus.net/>.

▌Home Energy Saver, de: <http://hes.lbl.gov>.

▌Laboratorios Berkeley, Building Design Advisor, de:
<https://eta.lbl.gov/publications/building-design-advisor>.

▌Ministerio para la Transición Ecológica y el Reto Demográfico, de:
<https://www.miteco.gob.es/es.html>.